ScratchJr 小学生编程启蒙

贾皓云　赵金艳　编著

清华大学出版社
北京

内容简介

本书通过ScratchJr软件带孩子进入积木编程世界。本书语言轻松活泼，案例均为少儿感兴趣的游戏形象、游戏设计或舞台表演等内容，深受少儿喜爱。本书主要介绍了计算机的历史、编程的意义以及软件的基本操作，并通过有趣的案例讲解了用编程创作动画、设计游戏的思路和方法，最后介绍了适合少儿进一步学习编程的Scratch软件。本书案例均提供了展示视频，微信扫码即可免费观看，因此适合编程教育教师或家长与孩子共同阅读，一起动手体验，也适合作为小学低年级编程启蒙教材。

图书在版编目（CIP）数据

ScratchJr 小学生编程启蒙 / 贾皓云，赵金艳编著 . — 北京：清华大学出版社，2019
（创客教育）
ISBN 978-7-302-52947-7

Ⅰ . ① S… Ⅱ . ①贾… ②赵… Ⅲ . ①程序设计 – 少儿读物 Ⅳ . ① TP311.1-49

中国版本图书馆 CIP 数据核字（2019）第 084603 号

责任编辑： 张　弛
封面设计： 傅瑞学
责任校对： 李　梅
责任印制： 李红英

出版发行： 清华大学出版社
网　　址： http: //www.tup.com.cn，http: //www.wqbook.com
地　　址： 北京清华大学学研大厦A座　　**邮　　编：** 100084
社 总 机： 010-62770175　　**邮　　购：** 010-62786544
投稿与读者服务： 010-62776969, c-service@tup.tsinghua.edu.cn
质量反馈： 010-62772015, zhiliang@tup.tsinghua.edu.cn
印 装 者： 三河市君旺印务有限公司
经　　销： 全国新华书店
开　　本： 203mm × 260mm　　**印　　张：** 8.5　　**字　　数：** 133千字
版　　次： 2019年6月第1版　　**印　　次：** 2019年6月第1次印刷
定　　价： 59.00元

产品编号：083320-01

丛书编委会

序

各位家长以及科技老师们，非常期待看到你们和孩子在 ScratchJr 的编程世界中探索！

提到“编程”，你可能会回想起一些电影片段：科技达人帮助主角搞定一个又一个的技术难题，协助他完成试运行。这就给大众的心中埋下了一个潜意识：编程对于常人来说是非常困难的，编程对日常生活并没有太大的作用等。这些对编程的误解使得非专业人士对它产生了排斥心理，更不要说接受让孩子学习编程的“超前”理念了。

现在，全世界的孩子都在学习编程，中国也不例外。无论是学校还是培训机构，“少儿编程”这一关键词已越来越多地进入了人们的视野。那么少儿编程是从何发展而来的呢？

1968 年，西摩尔 · 派普特教授专门为帮助儿童学习发明了 LOGO 编程语言，这可以被认为是“少儿编程”的起源。2003 年，从师于西摩尔的米切尔 · 瑞斯尼克继承 LOGO 语言的内核并发明了 Scratch 编程语言。米切尔曾在某杂志中提出了“Learn to code, code to learn”的观点，这也成了少儿编程行业的经典语录。这句话可以理解为：“在学习编程的过程中，人们便能慢慢感悟到编程的思维方式，而这种思维方式最终能够提升我们在数字化生活中的学习能力。”我认为这就是少儿编程的初衷。2014 年，米切尔为 5~7 岁的孩子发明了编程工具 ScratchJr，本书正是基于此工具而编写的。

ScratchJr 的编程方式与乐高积木块类似，都是通过积木块的搭建，让孩子们轻松入门。如果说各类艺术培训可以熏陶人文修养，那么当孩子们在 ScratchJr 世界中进行天马行空的创作时，则培养了他们的计算思维，锻炼了他们的逻辑思维能力。虽然少儿编程的目的并非培养程序员（而且不是所有人都适合做程序员），但是少儿编程所带来的理念一定是数字世界的生存基础，相信少儿编程在基础教育中的地

位会越来越重要。

ScratchJr 的流行程度远不及 Scratch。究其原因，一是大众还未广泛接受少儿编程的理念；二是家长不希望自己的孩子长时间接触平板电脑，担心影响视力；三是 ScratchJr 对低龄孩子的教学要求较高，除了在培训机构教学外，还需要家长的陪同，这就要求家长不仅要先掌握 ScratchJr，还要抽出时间和孩子一起在软件中探索。这些因素都在一定程度上制约了其发展。

关于用眼问题，家长不必过于担心，良好的用眼习惯才是关键。因为即使完全不使用计算机、天天趴着写作业也会造成近视。用近视问题去反对、拒绝少儿编程的趋势并非明智之举。

ScratchJr 的相关图书并不多见，因此当我得知贾皓云老师正在编写 ScratchJr 图书时，我的内心是非常激动的。在国内少儿编程行业鱼龙混杂的阶段，能为业界贡献一本 ScratchJr 精品图书是非常难得的。本书的主题分为“动画创作”和“游戏设计”共 13 个创意项目，图书虽薄却诚意满满。本书的字数较多，所以不适合小孩独立学习，建议家长和科技老师们先将其内化，再以合适的方式娓娓道来。

让我们一起开发、培养、呵护孩子们的想象力和创造力吧！希望他们不要仅成为科技的消费者，更要成为科技的创造者！

科技传播坊

《动手玩转 ScratchJr 编程》译者

《动手玩转 Scratch 2.0 编程》译者　李泽

《Scratch 高手密码》作者

2019 年 4 月

前言

我们常说如今的孩子是数字时代的原住民，孩子一出生便被网络与各种电子设备包围。孩子很小的时候就可以使用手机或平板电脑玩游戏、聊天、绘画，手机、平板电脑具备诸多功能是理所当然的，但是孩子可曾想过手机或平板电脑为什么会具备这些功能呢?

诸多强大功能的实现都离不开编程技术。通过编程，手机、平板电脑以及许许多多的电子设备变得越来越智能。如今，人工智能技术越来越普及，比如自动化生产线、无人驾驶汽车、快递机器人等，都是典型的人工智能设备。科技发展之快，新的人工智能设备不断诞生，若干年后的世界值得期待，更充满挑战，与人类竞争的将会是具备人工智能的机器。

要想让孩子在人工智能时代获得归属感，就需要对人工智能的本质多一些了解。因此，学习编程具有重要的价值。

学习编程的目的并不是为了让孩子长大后成为程序员。除了通过学习编程培养孩子的计算思维以外，编程本身更是一种创造的手段，就如绘画创造美术作品，作曲创造音乐作品，写作创造文学作品，编程则可以创造更智慧的机器。人工智能是人类未来生活的亲密伙伴，编程是人类与人工智能交流的重要方式，了解编程可以让孩子与人工智能更好地合作，还可以让孩子在未来能够增进与人工智能行业从业者的沟通和交流。

我喜欢将手机或平板电脑的用途大致分为两类：一类是享受别人的创造成果，如听音乐、看视频、玩游戏；另一类则是用于创造，即生成创造性成果。带着孩子学编程吧，让孩子手中的手机与平板电脑不再仅仅是娱乐的工具，更是创造的工具。

ScratchJr 是一款针对 5~7 岁儿童的图形化编程软件，在手机或平板电脑上运行。使用 ScratchJr 可以创作动画与游戏，编程的方式就如同拼积木块般简单有趣，本书通过 ScratchJr 软件带孩子进入编程的世界。书中介绍了计算机的历史、编程的

意义以及软件的基本操作，并通过有趣的案例讲解了用编程创作动画、设计游戏的思路和方法，最后介绍了适合儿童进一步学习编程的 Scratch 软件。鉴于幼儿的阅读能力有限，本书更适合科技老师和家长与幼儿共同阅读，用以指导幼儿编程实践。

由于笔者水平有限，不足之处在所难免，望各位读者批评、指正。

贾皓云

2019 年 4 月

目 录

第1章 计算机与编程

电子计算机是什么？为什么要编程？我们小朋友也可以编程吗？那就让我们一起来探索吧！

第1节　计算机的历史

电子计算机又叫电脑。我们在生活中常见的电子计算机有固定放置的台式计算机、方便随身携带的笔记本电脑，还有小巧轻薄的平板电脑，甚至手机、智能手表也可算作计算机。电子计算机在我们的生活中起着重要的作用，我们用它查找资料、写文档、做算术、收发信息、看电影、听音乐、玩游戏，等等。电子计算机可以帮助我们做好多事情。

可是，你知道电子计算机曾经是什么样的吗？

电子计算机的诞生

世界上第一台电子计算机是阿塔纳索夫-贝瑞计算机（Atanasoff-Berry Computer），简称 ABC。ABC 由阿塔那索夫和贝瑞在 1937 年设计，专门用于解方程，并在 1942 年测试成功。不幸的是，原始的 ABC 计算机最终被拆掉了，我们现在看到的是它的复制品，图 1-1 所示是放置在爱荷华州立大学的 ABC 计算机复制品。

这台电子计算机用了 300 个电子管，电子管是一种最早期的电信号放大器件，如图 1-2 所示。

图 1-1　放置在爱荷华州立大学的 ABC 计算机复制品

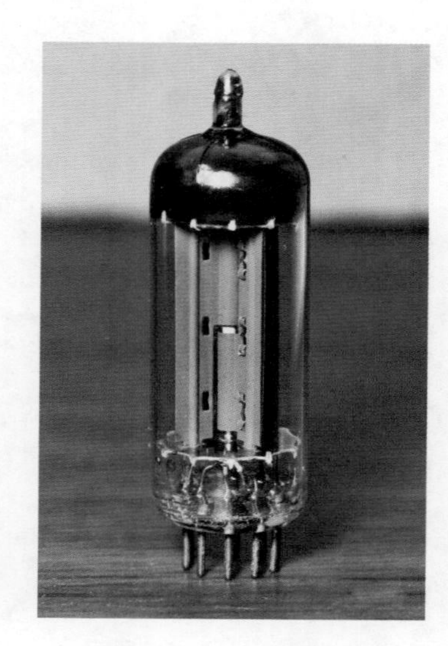

图 1-2　电子管

ABC 是数字计算机的早期尝试。

电子管计算机

1946 年，电子计算机埃尼阿克（ENIAC）在美国宾夕法尼亚大学诞生了。埃尼阿克是世界上第一台通用计算机，也是继 ABC 之后的第二台电子计算机。通用计算机是指各行业、各种工作环境都能使用的计算机。

埃尼阿克体型巨大，共使用了 18 000 个电子管。它占地 170 平方米，需要大约 10 个房间才能安放得下。它重达 30 吨，相当于大约 20 辆小汽车的重量。埃尼阿克每秒钟可进行 5000 次运算，与现在的计算机相比实在微不足道，但其计算速度已经约为人脑的 20 万倍。电子计算机埃尼阿克如图 1-3 所示。

图 1–3　电子计算机埃尼阿克

以电子管作为元器件的计算机又被称为电子管计算机，运算速度是每秒几千次到几万次。电子管计算机由于使用的电子管体积大、耗电量大、易发热，因此工作的时间不能太长。

晶体管计算机

在 20 世纪 50 年代之前，计算机都采用电子管作元件。电子管元件有许多明显的缺点，例如，产生的热量多、可靠性较差、运算速度慢、价格昂贵、体积庞大等，这些都使计算机发展受到限制。

1947 年，美国贝尔实验室的肖克利、巴丁和布拉顿发明了晶体管。晶体管的种类很多，常见的几种晶体管如图 1-4 所示。

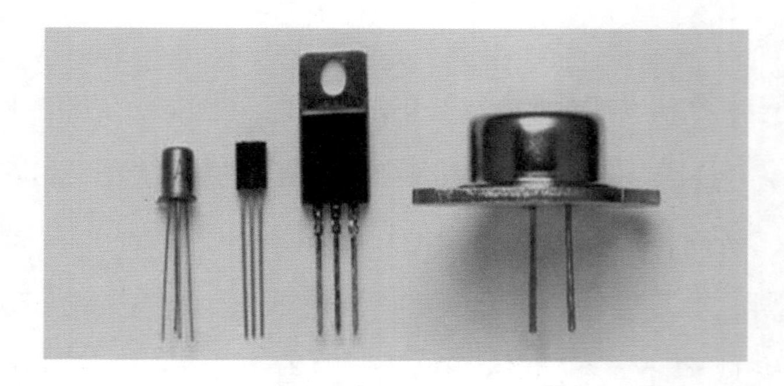

图 1–4　不同的晶体管

晶体管不仅能实现电子管的功能，又具有尺寸小、重量轻、寿命长、效率高、发热少、功耗低等优点。于是，晶体管开始被用作计算机的元件，图 1-5 所示的是 IBM 公司 1959 年推出的 IBM7090 晶体管计算机。晶体管计算机的运算速度达每秒几十万次。

图 1–5　IBM7090 晶体管计算机

由于晶体管的发明极大地促进了电子计算机的发展，因此，肖克利、巴丁和布拉顿三位科学家在 1956 年获得了诺贝尔物理学奖。

集成电路计算机

电子管计算机和晶体管计算机最突出的问题是占地面积大、无法移动，如果能把电子元件和连线集成在一小块载体上该有多好呀！ 1958—1959 年，基尔比和诺伊斯分别发明了锗集成电路和硅集成电路。2000 年，瑞典皇家科学院将诺贝尔物理学奖颁给了基尔比，而诺伊斯因为已经去世无缘这个奖项。1958 年基尔比制作的第一块集成电路板如图 1-6 所示。

图 1–6 基尔比制作的第一块集成电路板

1959 年，诺伊斯提交了用平面技术制作半导体集成电路的专利。从此，集成电路的时代开始了。图 1-7 是诺伊斯制造的第一块集成电路板。

随着集成电路制造工艺的不断发展，1988 年，实现了在一块约指甲盖大小的芯片上集成 3500 万个晶体管。2012 年，Intel 公司推出的笔记本电脑芯片 Core i5-3337u 集成的晶体管数量增加到 14 亿个。2018 年，华为公司推出的手机芯片麒麟 980（图 1-8），在指甲盖大小的区域集成了 69 亿个晶体管。

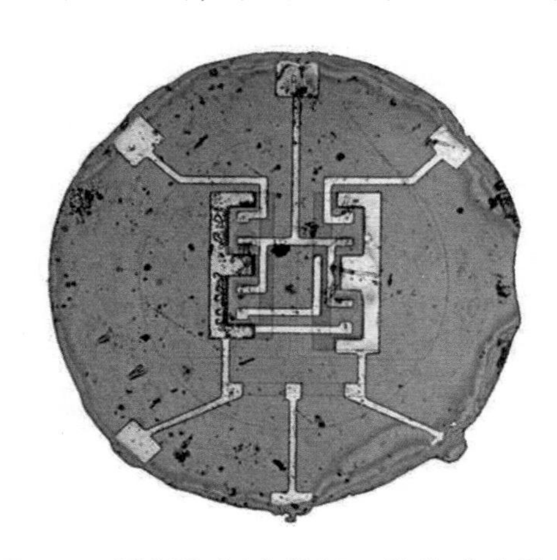

图 1–7 诺伊斯制造的第一块集成电路板

图 1–8 麒麟 980 芯片

计算机与现代科技

随着科技的发展，计算机的体积越来越小，可靠性越来越高，计算速度越来越快，我们的生活也越来越离不开计算机。我们手边的 iPad、手机、智能手表等，都用到了计算机技术。一块小小的智能手表集成了上网、聊天、拍照等诸多功能，如图 1-9 所示。

图 1-9　智能手表

我国航天事业的发展离不开计算机技术，图 1-10 是中国首辆月球车——“玉兔号”。2013 年 12 月 15 日，“玉兔号”顺利驶抵月球表面，它一共在月球上工作了 972 天。

图 1-10　“玉兔号”月球车

为了满足天气预报、生命科学、核工业、军事、航天等高科技领域对计算技术的需求，各国都在发展超级计算机。我国的超级计算机技术处于世界领先水平，中国自主研发的超级计算机“神威 · 太湖之光”如图 1-11 所示，它的峰值运算速度可达到每秒 12.5 亿亿次，大致相当于 200 万台普通计算机同时运行。

小朋友们想一想，为什么计算机能够乖乖听人类的话，帮助人类完成那么多的任务呢？

图 1-11 超级计算机“神威 · 太湖之光”

第2节 编 程

为了让计算机按照人的要求完成特定的任务，我们需要对计算机下达指令，这个过程我们称之为编写程序，简称编程。

通过编程，我们可以让机器变得越来越聪明。比如无人驾驶的汽车可以通过预先编写的程序自动躲避行人和障碍物，保证乘客和行人的安全。无人驾驶汽车如图 1-12 所示。

图 1-12 无人驾驶汽车

计算机每做一次动作、一个步骤都是按照已经编好的程序来执行的，可是，计算机无法直接听懂人类的语言，我们需要用计算机能够理解的语言告诉它每一步该干什么。我们用什么语言来给计算机下达指令呢？我们把给计算机下达指令的语言称为编程语言。编程语言的种类很多，比如 C 语言、C++ 语言、Python 语言、Java 语言，等等。图 1-13 是 Python 语言编写的程序代码。

图 1-13 Python 语言程序代码

C、C++、Python、Java 等编程语言功能强大，不过编程时需要我们输入大量的代码，这对于我们初学编程的小朋友来说难度太大了。那有没有适合小朋友的编程语言呢？当然有了，Scratch 和 ScratchJr 是图形化的编程语言，小朋友们可以在 Scratch 和 ScratchJr 软件中像拼积木块一样编写程序。

Scratch 3.0 软件界面如图 1-14 所示。

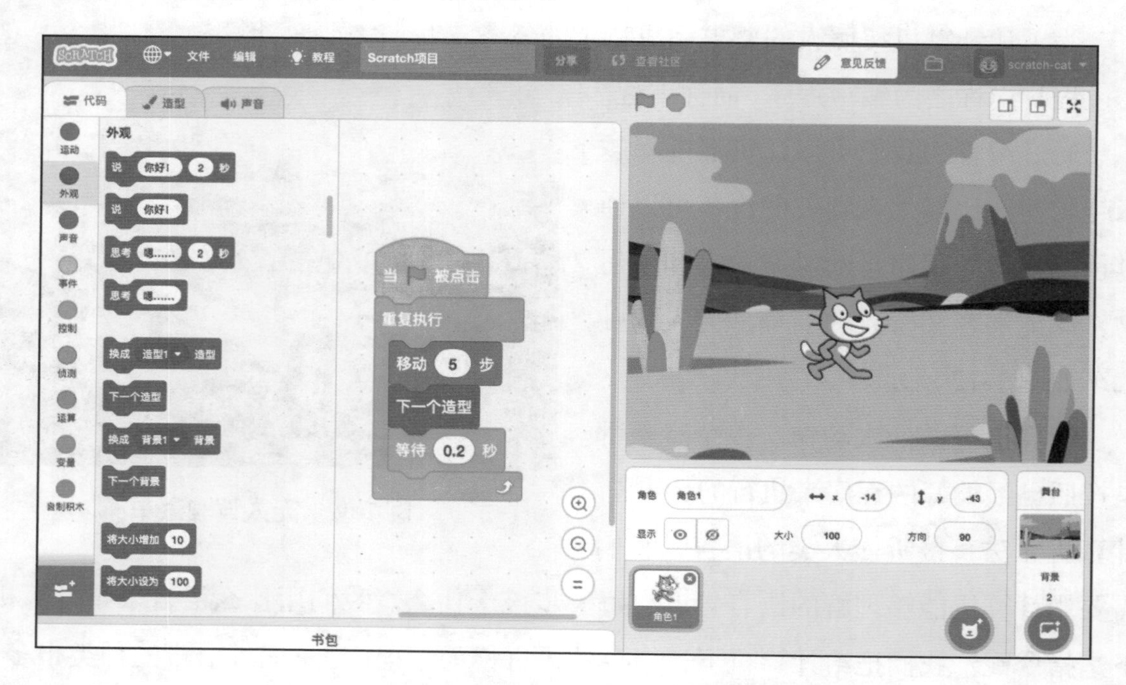

图 1-14 Scratch 3.0 软件界面

ScratchJr 是适合 5~7 岁儿童编程的软件，软件界面如图 1-15 所示。

图 1-15　ScratchJr 软件界面

在本书中，我们将一起学习如何使用 ScratchJr 编写程序。

第3节　我们的新朋友ScratchJr

ScratchJr 使用的是入门级的编程语言，ScratchJr 软件可以运行在 iOS 系统或 Android 系统的平板电脑或手机上。我们可以通过 ScratchJr 创作动画或游戏，编程的过程就像拼积木块一样简单有趣。

下载安装

iPad 或 iPhone 用户可以在应用商店直接下载并安装 ScratchJr 软件，也可以在 ScratchJr 的官方网站（http://www.scratchjr.org）下载 app 安装包。

Android 系统的平板电脑或手机除了可以在 ScratchJr 官方网站下载到安装包，还可以扫描图 1-16 中的二维码下载。

安装完成后，双击图标打开软件。ScratchJr 软件图标如图 1-17 所示。

图 1-16　扫描下载安卓版 ScratchJr 安装包　　图 1-17　ScratchJr 软件图标

新建项目

软件打开后的界面如图 1-18 所示，单击问号可以播放入门教学视频。左侧的房子形状图标是软件主页，单击即可新建或查看编程项目。

如果是第一次使用 ScratchJr，单击主页图标之后，我们会看到如图 1-19 所示的界面，单击加号就可以新建一个项目。

图 1-18　新建或查看编程项目

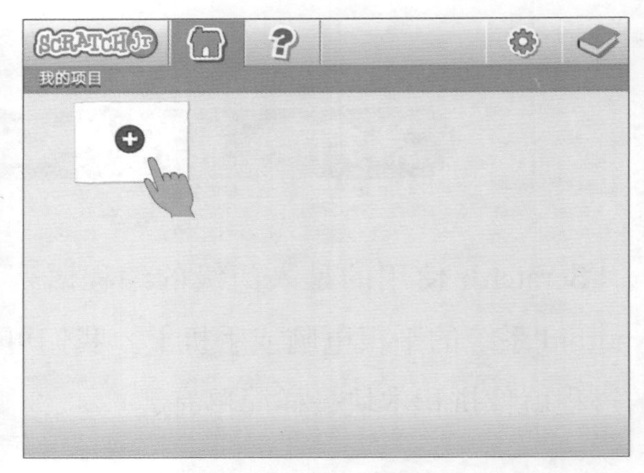

图 1-19　新建项目

添加角色

现在，我们看到了 ScratchJr 的编程界面，如图 1-20 所示。屏幕的中央有一只小猫，小猫是 ScratchJr 中的一个角色，小猫所处的空白区域我们称之为舞台，小猫就像舞台上的演员。

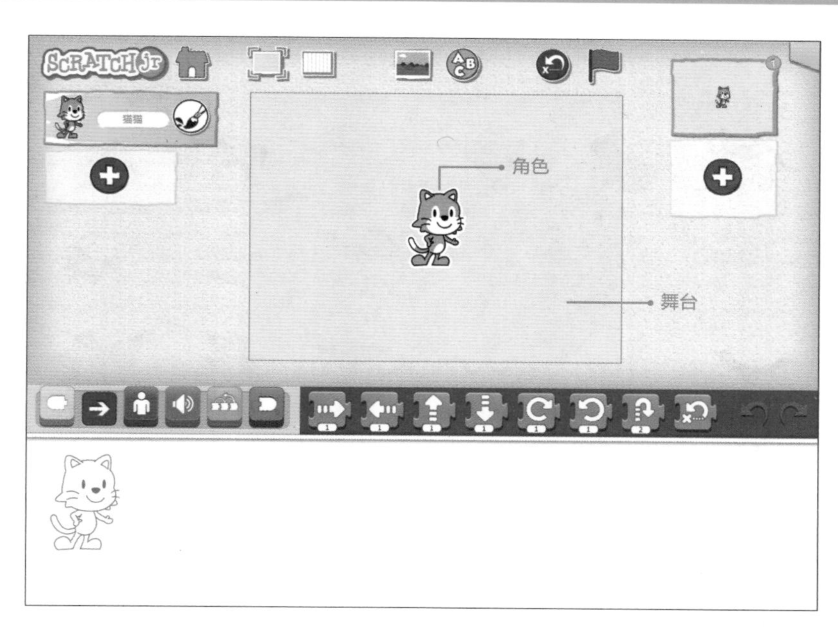

图 1–20　ScratchJr 编程界面

舞台左侧显示了我们所使用的所有角色，当然，现在只有小猫一个角色，并且我们可以看到这只小猫的角色名称是“猫猫”。我们可以单击加号添加新的角色，如图 1-21 所示。

图 1–21　单击加号可以添加新角色

在角色库中有许多角色可供我们选择，如图 1-22 所示。选中我们要添加的角色后，单击屏幕右上角的✓确定添加。也可以单击进入绘图编辑器修改角色，绘图编辑器的使用见附录 2。单击✕可以放弃添加角色。

图 1-22　角色库中的角色

这里我们添加了“马”这样一个角色，舞台上便多了一匹马。我们可以在舞台上按住角色拖动，调整角色的位置，如图 1-23 所示。

图 1-23　拖动角色调整位置

怎么删除我们不需要的角色呢？比如，我们要删除这只小猫，可以在小猫角色上长按，就会出现删除按钮⊗，单击⊗就可以将小猫角色删除，如图 1-24 所示。

图 1–24 删除角色

选择背景

白色的舞台背景实在是太过单调了，我们可以单击舞台上方的▭选择舞台背景，如图 1-25 所示。

图 1–25 单击背景按钮

我们选择如图 1-26 所示的“农场”作为舞台背景。

选择背景后，小马立即置身于农场之中，如图 1-27 所示。当然，也可以选择自己喜欢的舞台背景。

图 1-26　选择“农场”背景

图 1-27　农场中的小马

编写程序

舞台下方有一栏积木块区，如图 1-28 所示，这里放置着我们编程时需要使用的各种程序积木块。

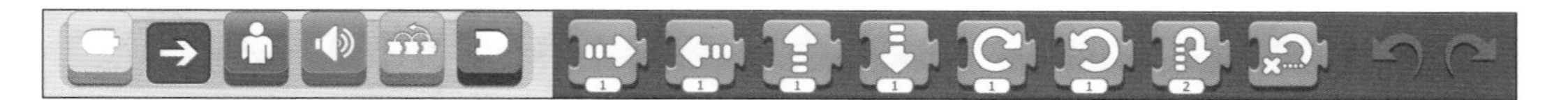

图 1–28 积木块区

这些积木块分为六类，分类图标如图 1-29 所示。

图 1–29 积木块分类图标

从左到右依次是：

触发；动作；外观；音效；控制；结束。

单击图标可以切换面板中程序积木块的类别，比如当我们单击外观积木块时，将呈现外观类的积木块，如图 1-30 所示。

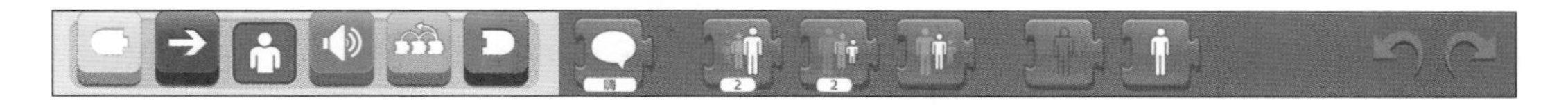

图 1–30 外观类积木块

屏幕最下方的空白区域是编程区，我们编程的方式是把要用到的积木块拖动到这里进行拼接。图 1-31 是编写好的一段程序。

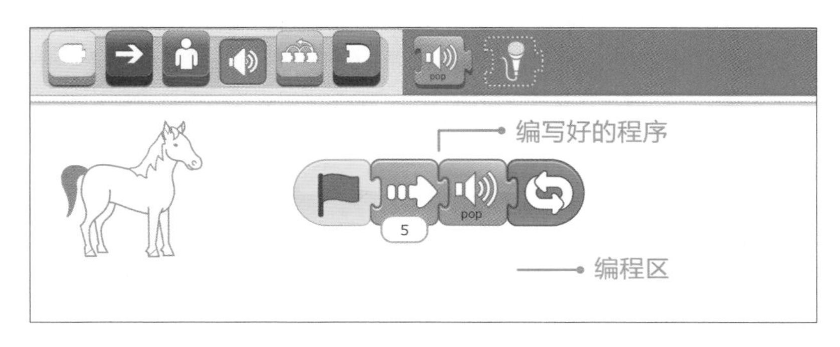

图 1–31 编程区中的程序

ScratchJr 中有那么多的程序积木块，每一个程序积木块的功能是什么呢？我们可以通过运行相应的积木块去测试它的功能。比如我们将积木块拖动到编程区，如图 1-32 所示，单击一下就可以执行该程序积木块，我们发现角色向右移动了一小段距离，说明的功能是控制角色向右移动。

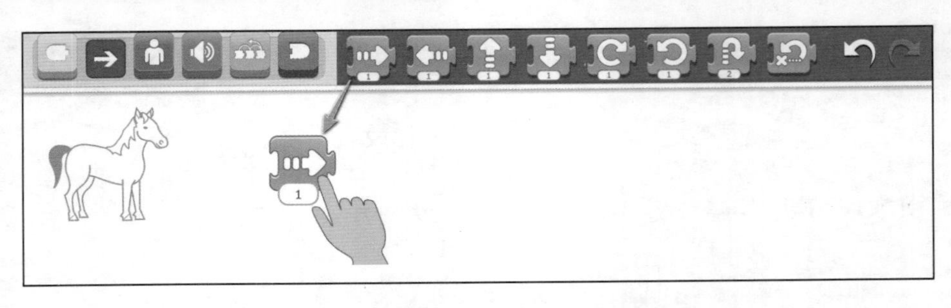

图 1-32　将积木块拖动到编程区

可以用同样的办法去探索更多积木块的功能哦！

编程区中不需要的积木块可以拖动到积木块区上方的区域，松开手指就可以删除，如图 1-33 所示。

图 1-33　删除积木块

自主探究

ScratchJr 软件中各积木块或按钮图标的功能我们都可以自己去探索发现，小朋友们赶快去研究一下吧！附录 3 中罗列了每一个积木块的功能，便于需要时查阅。

第 2 章
动画创作

你一定看过动画片，在 ScratchJr 中，我们可以通过编程制作生动有趣的动画。

第1节　海滩奇遇

小猫喜欢大海，它喜欢在海边的沙滩上吹着海风，晒着太阳，听着海浪在耳边歌唱。

今天呀，天气可真晴朗，海水是蓝色的，天空也是蓝色的。小猫又来到这片金色的沙滩上，小小的脚掌踩在细细的沙粒上，软软的，暖暖的，舒服极了。

“咦？”小猫忽然发现不远处的海边有个圆圆的小东西蹦啊跳啊，既不是贝壳，也不像小鱼，到底是什么呢？小猫好奇地朝这个圆球状的物体走了过去，当它靠近圆球的时候，圆球似乎也注意到了小猫，待在原地一动也不动。

这时，小猫惊奇地发现，这个圆球状的生物自己在地球上从未见过……

项目任务

制作动画：在金色的海滩上，小猫走向一个蹦跳的球状生物，当小猫靠近这一球状生物的时候，球状生物停止蹦跳。

学习目标

- 掌握使用 ScratchJr 编写程序的基本流程。
- 掌握选择角色和背景的方法。

- 掌握绿旗、向右走、跳起来三种积木块的使用。

程序设计

1. 选择角色与背景

新建一个项目后，我们看到舞台中央已经有了一个角色——猫猫，可是根据本次的项目任务要求，我们还需要添加另外一个角色。还记得怎么添加一个新角色吗？我们只需要单击屏幕左侧的加号就可以啦。如图 2-1 所示。

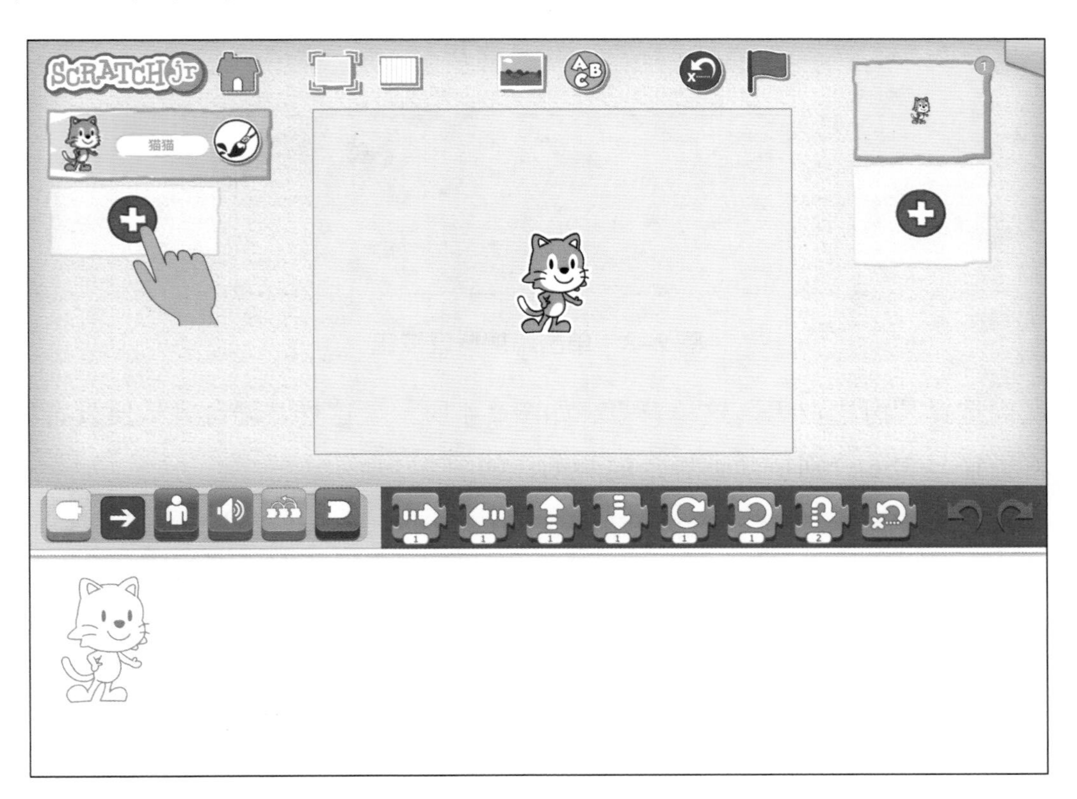

图 2-1 单击舞台左侧的加号添加角色

单击加号，我们可以在众多角色中选择我们需要添加的角色。谁才是那个“球状生物”呢？在这里就选择这个有点像圆球的叫作 Toc 的角色吧，如图 2-2 所示。或许你早已有自己的想法，你也可以选择自己心中的那个与球形接近的生物。

故事发生在海滩上，所以我们需要选择一个合适的背景，单击添加背景按钮，如图 2-3 所示。

图 2–2　选择 Toc

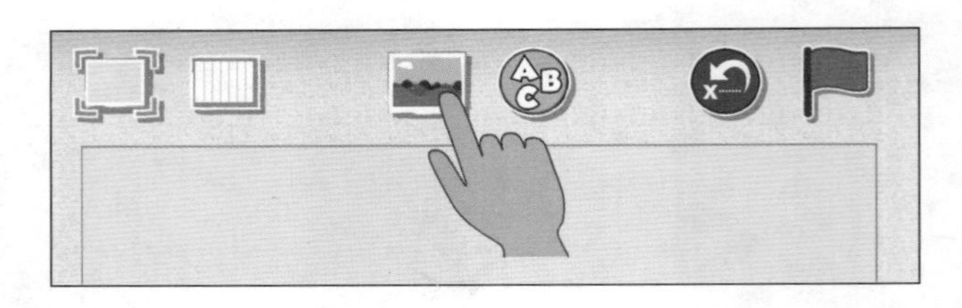

图 2–3　单击添加背景按钮

我们选择“海边白天”这一背景，如图 2-4 所示。这样，舞台背景便设置好了，我们将猫猫与 Toc 分别拖动到舞台的两侧，如图 2-5 所示。

图 2–4　选择“海边白天”背景

图 2-5 调整角色位置

2. 让 Toc 跳起来

想让猫猫与 Toc 能够动起来，我们需要对这两个角色编写程序。在左侧的角色列表中选中哪个角色，我们就可以对哪个角色编写程序，我们先来对 Toc 编写程序吧。

我们在事件类积木块中找到 并将其拖动到编程区，如图 2-6 所示， 表示这段程序的启动方式是单击舞台上方的绿旗。

图 2-6 选择绿旗

怎样才能让 Toc 动起来呢？想让 Toc 动起来，我们需要用到动作类积木块。我们在动作类积木块中找到跳跃积木块，将其拖动到编程区与拼接在一起，如图 2-7 所示。

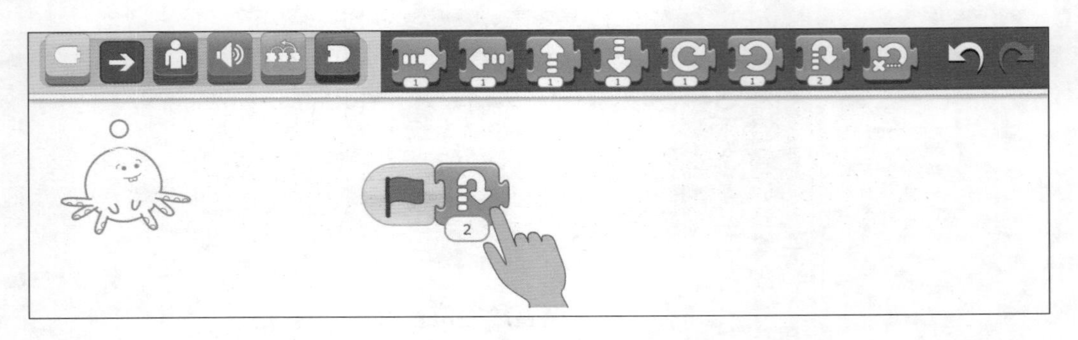

图 2-7　拼接跳跃积木块

单击舞台上方的绿旗，看看会发生什么呢？咦，当我们单击绿旗的时候 Toc 跳了一下。如果想让 Toc 多跳几次怎么办呢？我们可以多使用几次跳跃积木块，如图 2-8 所示。

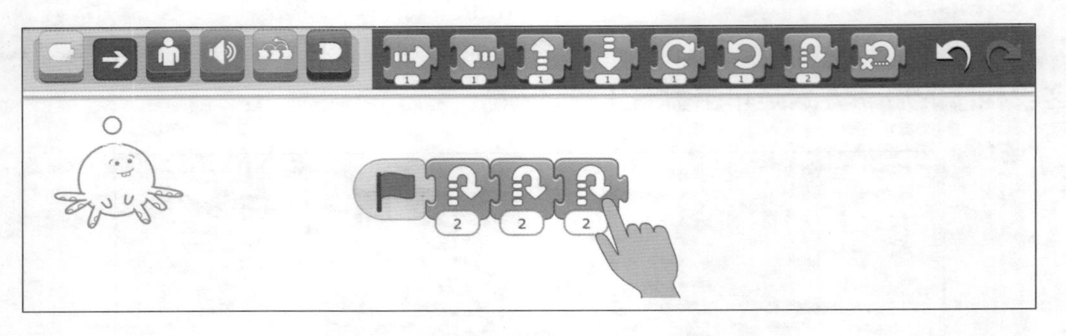

图 2-8　添加更多的跳跃积木块

这一次，当我们单击绿旗时，Toc 连续跳跃了 3 次。

试一试

改变 Toc 跳跃的高度。

3. 行走的小猫

学会了为 Toc 编写跳跃的程序，你会给猫猫编写移动的程序吗？

要想对角色猫猫编写程序，我们首先需要在角色列表中选择猫猫这个角色，如图 2-9 所示。对猫猫角色编写程序如图 2-10 所示。

图 2-9　选择猫猫角色

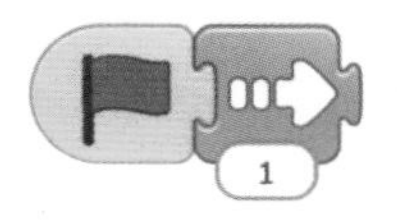

图 2-10　对猫猫角色编程

当我们单击舞台上方的绿旗时，小猫只向前移动了很小的一段距离，离 Toc 还很远呢！怎么解决这个问题呢？

我们可以单击往右走积木块下方的数字，通过屏幕右下角出现的键盘修改移动距离，如图 2-11 所示。到底应该移动多远呢？我们可以多次尝试填入不同的数据，直到猫猫移动到合适的位置，赶快试试吧。

当然，我们还有更简单的办法来解决小猫移动距离的问题。单击显示网格按钮，如图 2-12 所示。

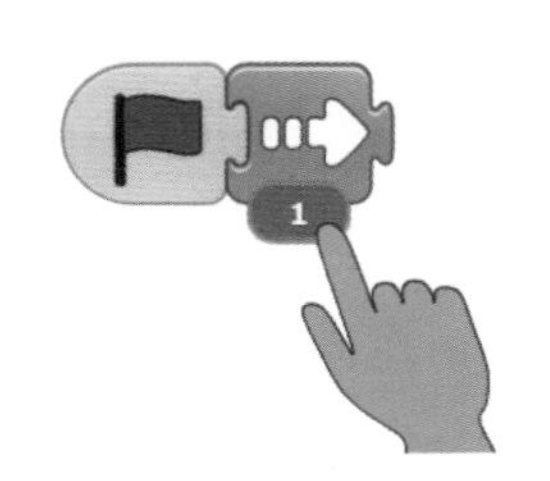

图 2-11　修改移动距离

图 2-12　单击显示网格按钮

通过网格我们可以查看角色在舞台上的位置，如图 2-13 所示。舞台下方显示了角色的横向位置，此时为 3；舞台左侧显示了角色的纵向位置，此时为 6。

由于小猫是横向移动，我们只需关注角色的横向位置即可。小猫现在的横向位置为 3，如果我们让小猫走到横向位置为 11 的地方，小猫需要移动多少格呢？我们只需要算一算 11−3 的结果就可以知道，小猫需要向右移动 8 格，我们将小猫的程序中往右走积木块的数据修改为 8，如图 2-14 所示。

图 2-13　通过网格查看角色位置

图 2-14　将移动距离修改为 8

通过网格的帮助确定好移动格数之后，我们可以将网格关闭，如图 2-15 所示。单击舞台上方的绿旗，就可以看到我们制作的动画效果了。

单击舞台上方的全屏播放按钮可以进入全屏播放模式，如图 2-16 所示。

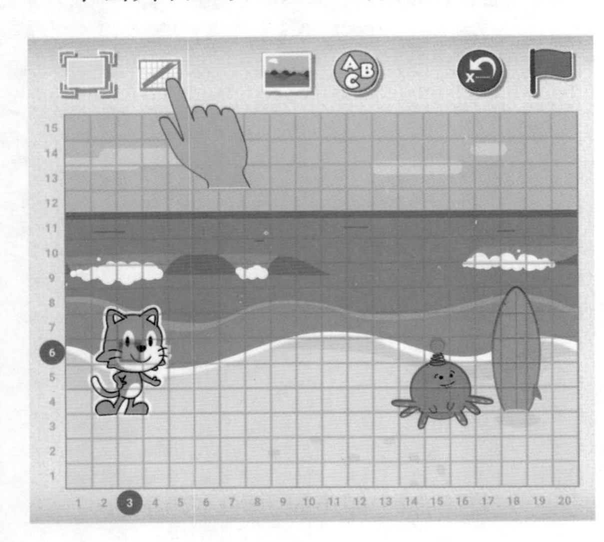

图 2-15　关闭网格

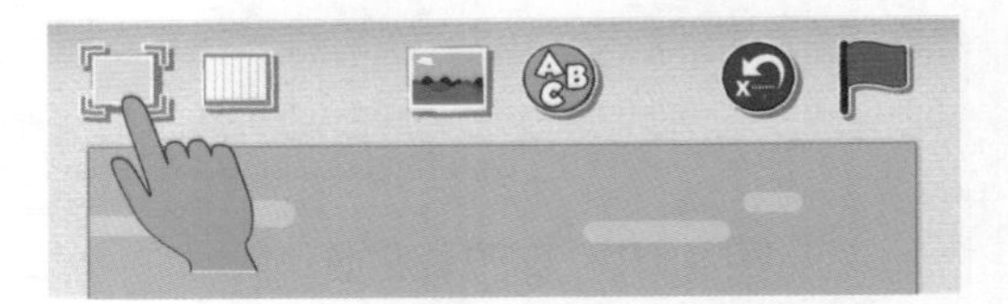

图 2-16　单击全屏播放按钮

在全屏播放模式下单击绿旗，程序便开始运行，如图 2-17 所示。我们来欣赏一下自己制作的动画吧。

图 2-17 全屏播放模式

4. 项目重命名

为了方便今后查找我们制作的 ScratchJr 项目，可以对项目进行重命名。单击屏幕右上角的重命名按钮，如图 2-18 所示。

图 2-18 单击重命名按钮

我们输入一个可以反映项目内容的名称，便于今后查找，输入完成后单击右上角的确定即可，如图 2-19 所示。

图 2-19　为项目重命名

回顾总结

通过制作《海滩奇遇》这一动画，我们了解了使用 ScratchJr 编程的基本过程：根据故事情节选择合适的角色与背景，然后分别对每一个角色编写程序。在编写程序的过程中，我们可能需要对一些积木块的数据进行多次调整修改，直到达到预期效果，最后重命名并保存。

在制作《海滩奇遇》的过程中，我们掌握了绿旗、向右走、跳起来三种积木块的功能，你也可以自己编故事并通过 ScratchJr 编程将故事展示出来，你还可以探索更多积木块的功能并把它们用在你的程序里面。

自主探究

通过 ScratchJr 编程制作动画《桃子熟了》：果园的桃子成熟了，一个又大又红的桃子从树上掉下来，小猫望着下落的桃子高兴得又蹦又跳，桃子一着地，小猫就迫不及待地冲了过去。动画场景如图 2-20 所示。

图 2-20 《桃子熟了》动画场景

第2节 城市漫步

这是一个晴朗的星期天，小猫准备到城市逛一逛。

城市的建筑像一座座彩色的宫殿。街道上人们匆匆地行走，马路上漂亮的小汽车来来往往。

街道旁是一片绿油油的草地，散发着小草的清香，小猫在草地上悠闲地散着步，享受着这个美好的星期天。

项目任务

制作动画：城市的街道上，小汽车来来往往，小猫在街道旁的草地上散步。单击绿旗时动画持续播放，直到单击红色六边形时动画停止。

学习目标

- 掌握循环积木块的使用，了解循环程序结构。
- 掌握改变程序执行速度的方法。
- 掌握改变角色大小的方法。

程序设计

1. 散步的小猫

我们首先选择“城市”作为舞台背景，如图 2-21 所示。此刻，小猫便来到了现代化的都市。将小猫拖动到绿色的草地上。

图 2-21 添加“城市”背景

怎么让小猫走起来呢？也许你也想到了，我们只需要编写如图 2-22 所示的程序。

可是，单击绿旗我们可以发现，小猫行走一步就停了下来，怎么才能让小猫持续行走而不会自动停止呢？

这时，我们需要了解一种新的程序积木块，我们在结束类积木块中找到无限循环积木块，在之前的所有程序都会一次又一次地重复执行。想一想，如果我们在刚才编写的小猫程序结尾加上循环积木块，如图 2-23 所示，小猫会怎样运动呢？

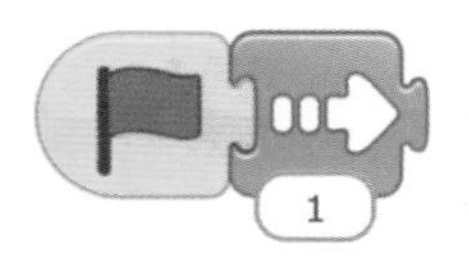

图 2-22 小猫走动程序

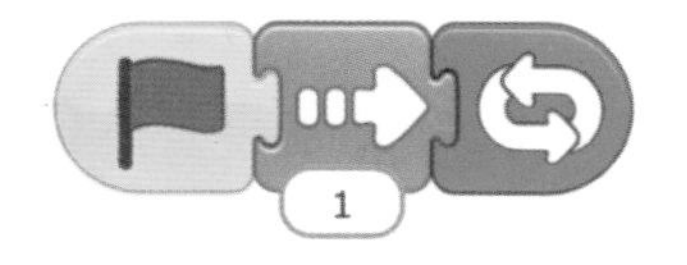

图 2-23 加入无限循环积木块的移动程序

可以发现，当我们单击舞台上方的绿旗时，小猫向右行走，但并没有在走一步之后就停下来，为什么呢？因为在程序末尾加入无限循环积木块之后，程序就会一直重复执行，于是小猫走一步，再走一步，再走一步……就这样一直走下去。怎样让小猫停止行走呢？只需要单击舞台上方的红色六边形就可以停止程序。

小猫终于可以不停地走下去了，可是小猫的速度有点快，能不能让小猫的速度更慢一些，优雅地在草坪漫步呢？

我们在控制类积木块中找到设定速度积木块，将其拖动到编程区，它是用来控制程序执行速度的。单击积木块下方的三角形，可以选择慢、中、快三种速度，程序的执行速度越快，小猫的运动速度也就越快。我们希望小猫的行走速度慢一点，选择慢速模式，最后单击慢速模式执行程序积木块，如图 2-24 所示。

图 2-24 更改小猫的运动速度

单击绿旗，我们发现小猫的运动速度果然变慢了。

2. 行驶的小汽车

街道上行驶着小汽车，我们还需要添加小汽车角色。在角色库中寻找一番之后发现，名称为“司机”的角色比较适合故事情境，这里选择蓝色的这辆小汽车，如图 2-25 所示。

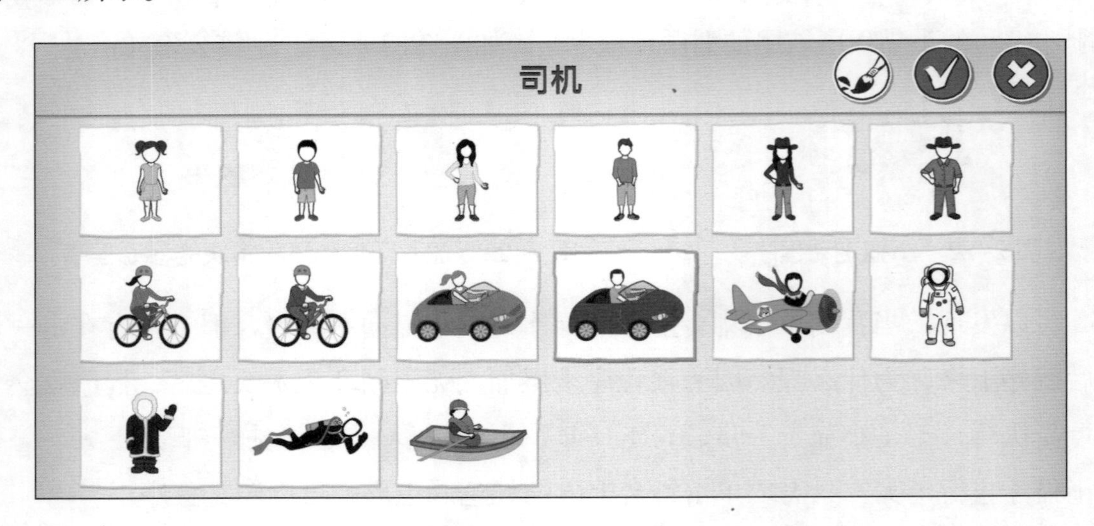

图 2-25　选择蓝色小汽车

当将小汽车角色添加到舞台上后，我们发现小汽车太大了，如图 2-26 所示。怎样才能将小汽车缩小一点呢？

我们在外观类积木块中找到缩小积木块，将它拖动到编程区。积木块下方的数字 2 表示程序积木块执行一次角色就会缩小一点，如图 2-27 所示。单击一下，咦，小汽车真的变小一点了。

图 2-26　小汽车太大了

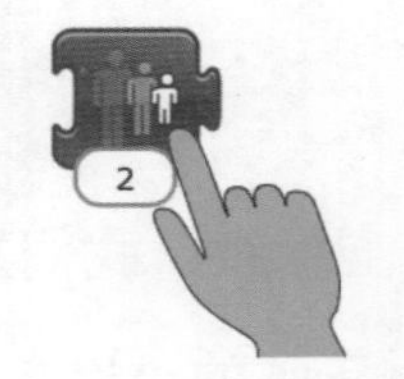

图 2-27　单击缩小积木块

多单击几次，直到小汽车的大小正好适合在马路上行驶，如图 2-28 所示。

想一想

如果我们不小心将小汽车缩得太小了怎么办呢？

接下来，要编写蓝色小汽车行驶的程序就简单多啦，蓝色小汽车的行驶程序如图 2-29 所示。

图 2-28　将蓝色小汽车大小调节至合适

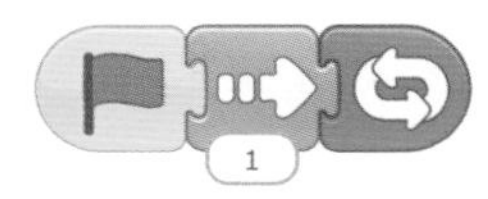

图 2-29　蓝色小汽车行驶程序

我们还可以在对向车道上再放置一辆红色的小汽车，并对小汽车编写程序，让它也行驶起来。

同样，我们先添加红色小汽车角色，再将红色小汽车的大小缩小至适合放置在车道上，怎样将它缩小呢？我们同样可以使用外观类积木块中的缩小积木块，将其拖到编程区，多单击几次，直到变为合适的大小，如图 2-30 所示。

想一想

对向车道上的红色小汽车应该朝哪个方向行驶呢？如果不清楚，观察一下真正在马路上行驶的小汽车你就知道了哦。

其实，红色的小汽车在舞台上应该向左行驶，自己动手为红色小汽车编写向左行驶的程序吧。

红色小汽车向左行驶的程序如图 2-31 所示，你写的程序是这样的吗？

图 2-30　将红色小汽车调节至合适大小

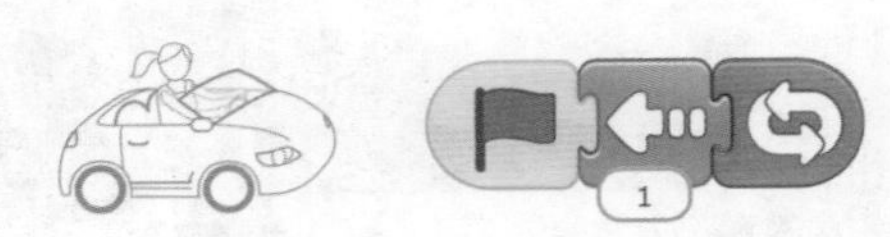

图 2-31　红色小汽车行驶程序

3. 修改与完善

我们编写的程序能不能实现我们期望的动画效果呢？单击绿旗执行程序。可以发现，我们希望在马路上行驶的小汽车却行驶到了小猫的头上，如图 2-32 所示，这是什么原因造成的呢？

图 2-32　我们不期望的效果

其实这是由于不同角色的叠放次序造成的，小猫这个角色被放置在了最下面的一层。怎么让小猫移到最上一层呢？我们只需要稍稍拖动一下小猫，就可以把它移到最上面的一层，如图 2-33 所示。

图 2-33 拖动改变叠放次序

想一想

角色的叠放次序与什么有关?

单击绿旗，我们终于实现了小汽车在马路上行驶、小猫在草地上散步的动画。

试一试

改变小汽车的运动速度，让它们行驶得更快。

回顾总结

通过制作《城市漫步》这一动画，我们学会了如何让程序循环执行，以及调整角色大小、改变程序执行速度、改变角色叠放次序的方法。循环积木块的使用可以让程序一直重复执行下去，单击舞台上方的停止按钮才可以让程序停止运行。

自主探究

我们继续在《城市漫步》这一案例中添加来往的行人，并调整小猫、小汽车、行人三者的速度，让动画看起来更加自然。完善后的场景如图 2-34 所示。

图 2-34 完善后的《城市漫步》场景

第3节 小狗戏蝶

“汪！汪汪！”

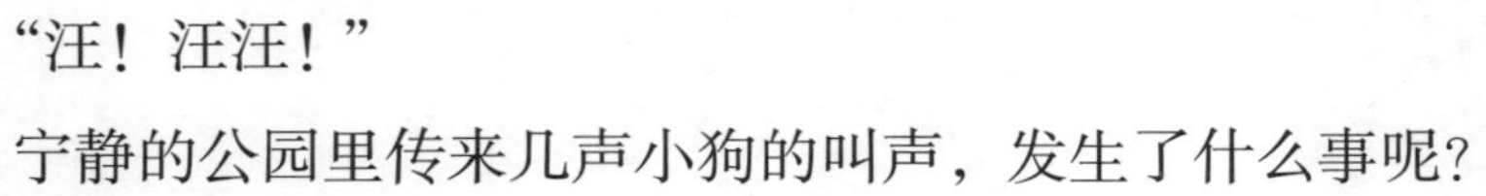

宁静的公园里传来几声小狗的叫声，发生了什么事呢？

原来呀，小狗皮皮发现了一只飞舞的蝴蝶，金黄的翅膀上点缀着红色花纹，可爱极了！

“要是能结交一位会飞的朋友该多好呀！”皮皮心想。

蝴蝶飞呀飞，忽上忽下。小狗追呀追，累得气喘吁吁。

项目任务

制作动画：公园里，一只蝴蝶在空中翩翩飞舞，小狗在地上一会儿跑、一会儿跳，追逐着蝴蝶玩耍。

学习目标

- 掌握多线程编程。
- 掌握向左转、向右转积木块的使用。
- 掌握等待积木块的使用。

程序设计

1. 飞舞的蝴蝶

首先新建一个项目，由于本项目的主角是小狗与蝴蝶，不会用到小猫角色，我们需要把小猫角色删除掉。

怎么删除角色呢？我们长按舞台上的小猫角色，然后单击小猫左上角出现的删除按钮就可以将小猫角色删除，如图 2-35 所示。

图 2–35 删除小猫角色

然后，我们将背景设置为“公园”，并添加“蝴蝶”角色，如图 2-36 所示。

接下来，就可以对蝴蝶进行编程了。想让蝴蝶飞起来，我们只需编写如图 2-37 所示的程序，使用无限循环积木块可以让程序一直重复执行，这样蝴蝶就可以持续飞下去了。

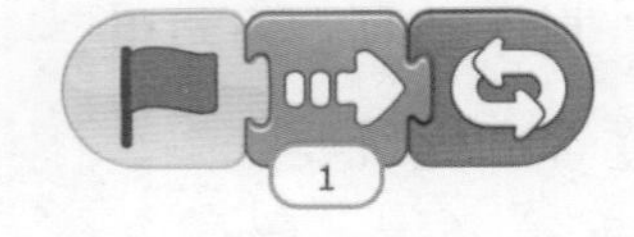

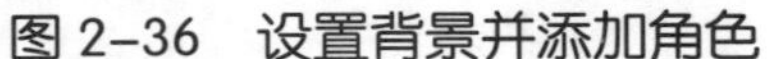
图 2-36　设置背景并添加角色

图 2-37　蝴蝶飞行程序

单击绿旗执行程序，我们发现蝴蝶仅仅是向右水平滑行，少了几分忽上忽下翩翩飞舞的效果，也就是说，我们除了要让蝴蝶水平运动，同时还需要让它作上下运动，以模拟真实的飞舞效果。于是，我们再为蝴蝶编写一段让它上下移动的程序。蝴蝶飞舞的完整程序如图 2-38 所示。

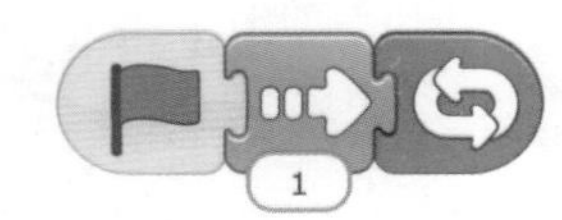

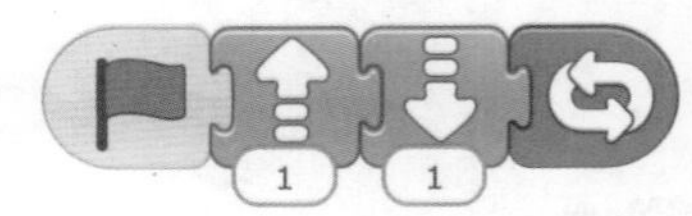

图 2-38　蝴蝶飞舞的完整程序

由于这两段程序都是以单击绿旗开始执行，所以当我们单击绿旗时两段程序会同时执行，分别完成两个不同的任务，这便是所谓的多线程。

至此，蝴蝶飞舞的程序就编写完成了。

2. 追逐的小狗

现在，我们需要添加一个小狗角色。

小狗一边奔跑，一边跳跃着追逐蝴蝶，奔跑和跳跃是两个同时的动作，我们依然可以使用多线程的编程方式。

首先编写小狗奔跑的程序，如图 2-39 所示。

接下来，我们要编写小狗跳跃的程序。我们曾经编写过让角色跳跃的程序，如图 2-40 所示，如果我们也给小狗编写一段这样的跳跃程序是什么效果呢？

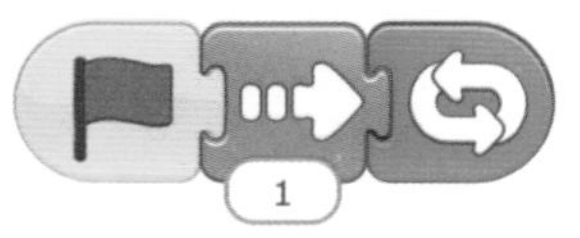

图 2-39　小狗奔跑程序

图 2-40　初次编写的小狗跳跃程序

单击绿旗执行程序，是不是感觉小狗跳跃的方式很奇怪，这是为什么呢？原来在我们制作的动画中，小狗起跳的方式是四脚同时起跳的，而小狗真实的跳跃方式却不是这样的。我们将刚刚编写的如图 2-40 所示的小狗跳跃程序删除掉。

想一想

小狗跳跃的动作应该是怎样的？

实际上，小狗在跳跃时是后脚蹬地，两只前脚先离开地面，如图 2-41 所示。小狗起跳时的姿态与在空中的姿态调整共同决定了它落地时是前脚先着地还是后脚先着地，如果你仔细观察会发现，在多数情况下，小狗是后脚先着地的。

想让小狗前脚先离地，我们该怎么编写程序呢？我们可以让小狗在跳跃之前向左旋转一定角度，模拟前脚离地的效果，然后再跳起来。我们在动作类积木块中找到向左转积木块和跳跃积木块，编写程序如图 2-42 所示。

图 2-41　小狗的起跳姿态

图 2-42　小狗跳跃程序

分析一下，小狗跳跃的程序编写完毕了吗？实际上并没有，小狗向左旋转之后，跳起来然后落地，小狗落地之后仍然处于向左旋转的仰望姿态，如图 2-43 所示。

要想让小狗着地后恢复正常的行走姿态，还需要让它向右旋转，我们需要使用向右转积木块。为了让小狗能够重复跳跃，我们在程序末尾添加无限循环积木块。修改后的程序如图 2-44 所示。

单击绿旗执行程序，我们发现小狗跳跃的动作自然多了。

图 2-43　小狗着地姿态

图 2-44　修改后的小狗跳跃程序

3. 等待一会儿

小狗刚跳起来，一着地就进行下一次跳跃，实在是太累了。能不能通过编程，实现小狗每隔一会儿才跳一次呢？

我们在控制类积木块中找到等待积木块，当程序执行到等待积木块时，会等待一会儿才继续执行，等待积木块下方的数据决定了等待时间的长短。在小狗完成一次跳跃之后，我们加入等待积木块，这样，小狗每跳跃一次，都会等一会儿再跳跃。小狗跳跃的完整程序如图 2-45 所示。

图 2-45　小狗跳跃的完整程序

回顾总结

我们了解了多线程的作用，并掌握了在 ScratchJr 中编写多线程的方法。一个角色有几个程序片段，这些程序片段可以同时执行来完成不同的任务，这便是多线程。此外，我们还初步了解了向左转、向右转、等待积木块的使用方法。

自主探究

制作动画《农场》：场景与角色如图 2-46 所示，小兔子在草地上蹦蹦跳跳地玩耍，小鸡左看看、右看看，专心地寻找食物。

图 2-46 《农场》动画场景

第4节　草地足球

风儿轻轻地吹着，大树悠悠地晃动着脑袋，小草儿齐刷刷地跳着优雅的舞蹈，大自然多美妙啊，连空气的味道都是甜甜的。小猫在辽阔的草地上撒着欢儿，无拘无束地奔跑着。

咦？前面那个圆圆的是什么东西呀？小猫走近一看，哇！是个足球！小猫最喜欢玩足球了，有个足球作玩伴真是太棒了。小猫抬起右脚，用尽了全身的力气给了足球重重的一脚！

项目任务

制作交互动画：当单击小猫时，它向前移动一段距离，如果小猫碰到足球，足球飞出去一段距离。

学习目标

- 掌握程序的另外两种触发方式——单击与碰到的使用。
- 能够分解球类的运动状态并应用到编程中。

程序设计

1. 小猫向前跑

虽然这次动画的主角是小猫，但是依然要删除新建项目时默认的小猫角色。因为在故事中小猫是要踢足球的，所以我们要选择一个更接近“踢”这一动作的角色。我们在角色库中找到“猫猫走路”这个角色，它看起来就像踢出一只脚的样子。我们将舞台背景选择为“草原”，如图 2-47 所示。

根据项目任务的要求，我们已经不再是通过单击绿旗的方式执行小猫行走的程序，而是当我们单击舞台上的小猫时，小猫开始行走。那么怎样通过编程来实现呢？

我们在触发类积木块中找到单击积木块，当我们单击角色时，后面的程序就会开始执行。我们为小猫编写如图 2-48 所示的程序。

图 2-47 选择角色和背景

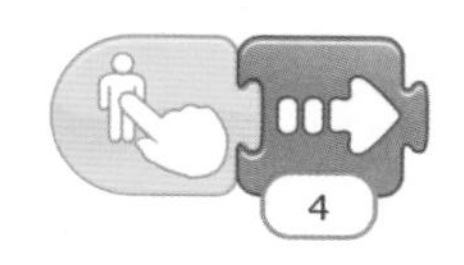

图 2-48 小猫行走程序

如图 2-49 所示，当我们单击舞台上的小猫时，小猫便会向右走 4 步。

图 2-49 单击小猫角色

2. 被踢的足球

既然是“草地足球”运动，自然少不了足球，我们添加一个足球角色，如图 2-50 所示。

根据任务要求，足球是被小猫踢到时才会动，那么足球运动程序的触发方式应当是“碰到”。当小猫踢到足球时，足球会向右移动，我们为足球编写如图 2-51 所示的程序。

图 2-50 添加足球角色

图 2-51 足球右移程序

单击小猫，我们发现，当小猫走一段距离碰到足球后，足球确实动起来了，不过完全不像足球真正被踢到时运动的样子，这是怎么回事呢？

想一想

足球被踢到时是怎样运动的？

我们来分析一下足球的运动。首先，足球被踢到时会向前运动，同时，如果足球被踢飞起来还有先竖直向上然后掉落下来的运动过程，除此之外还有吗？其实，足球在被踢到后还会滚动。所以，足球被踢之后同时做了水平移动、上抛、旋转三种运动。这里，我们又要用到多线程的编程方法，最终，足球的完整程序如图 2-52 所示。我们需要多次尝试修改向右走、跳起来、向右转的参数，让足球的运动状态看起来更加真实。

图 2-52 足球运动的完整程序

单击小猫执行程序，小猫向右移动，当小猫碰到足球时，足球立即被踢飞起来，然后掉落到地面上，最后在地面滚动一段距离后停下来，作品已经满足了项目所要求的动画效果。不过，仔细观察分析后还是能发现一些有待完善的地方，比如足球被踢之后的运动速度应该比小猫运动的速度要快，那么如何加快足球的运动速度呢？这里我们可以用到之前学过的设定速度积木块，赶快试一试吧。

试一试

加快足球的运动速度。

回顾总结

触发程序的方式不止单击绿旗一种，通过本节内容的学习，我们还发现了另外两种触发程序的方式，分别是单击角色与碰到角色。我们还了解到，足球被踢出去之后，在竖直方向运动的同时，还会作水平方向的运动。

自主探究

制作动画《河边》：当我们单击青蛙时，青蛙会跳跃、移动，当花朵被青蛙碰到时，花朵会轻轻摇摆。场景如图 2-53 所示。

图 2-53　动画《河边》场景

第5节 故事大会

剧院里正在举行一场故事会。

男孩:“从前有座山!”

女孩:“山上有座庙!”

男孩:“庙里有个老和尚!”

女孩:“还有一个小和尚!”

男孩:“老和尚给小和尚讲故事!”

女孩:“讲的什么故事呢?”

男孩:“从前有座山!”

……

项目任务

制作动画:单击绿旗时,男孩首先讲故事的第一句,接下来女孩和男孩一人一句轮流讲这个没完没了的故事,一直重复讲下去,直到单击停止按钮。

学习目标

- 能够通过发送消息和接收消息的方式控制程序。

- 掌握说话积木块的使用方法。

程序设计

由于主角是两个讲故事的小朋友，我们选择一个男孩角色与一个女孩角色，然后将背景设置为“剧院”，将两个角色分别放置在舞台背景的聚光灯下，如图 2-54 所示。

图 2-54　选择角色与背景

接下来就是设计程序了。由于动画的主要内容是讲故事，所以先来了解一下外观类积木块中的说话积木块。执行说话积木块可以让角色把要说的话以文字的形式展示出来。单击积木块下方的框可以输入我们要让角色“说”的话，如图 2-55 所示。

根据项目任务的要求，当单击绿旗时男孩先讲话，所以男孩讲话的程序以单击绿旗触发，我们输入说话的内容——“从前有座山！”虽然在积木块中只显示说话内容的前三个字，但不会影响程序的执行，程序如图 2-56 所示。

图 2-55　单击更改说话内容

图 2-56　男孩说“从前有座山！”的程序

单击绿旗执行程序看效果，如图 2-57 所示。

图 2-57 男孩程序执行效果

男孩说完“从前有座山！”之后该轮到女孩发言了，可是女孩怎么知道男孩的话说完了呢？也就是说，女孩说话的程序该什么时候启动呢？

这时，我们就可以利用发送消息积木块。角色可以发送六种颜色的消息，分别是橙、红、黄、绿、蓝、紫，其他角色可以通过接收消息积木块来接收相同颜色的消息，并触发接收消息积木块后的程序。发送消息积木块与接收消息积木块可选的六种颜色如图 2-58 所示，默认的发送消息与接收消息的颜色为橙色。

为了让女孩能够在男孩讲完第一句后紧接着讲第二句，我们让男孩在讲完第一句后立即发送一个橙色的消息，相当于提示女孩“我讲完第一句，该你了”。为男孩编写程序如图 2-59 所示。

图 2-58 发送消息与接收消息积木块

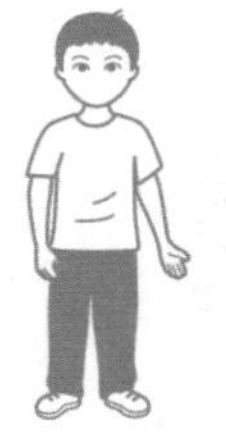

图 2-59 男孩讲完后发送橙色消息

然后，我们为女孩编写程序。当女孩接收到橙色消息时，女孩开始讲第二句：“山上有座庙！”同样的道理，当女孩讲完这一句时，也要发出一个消息，表示自己已经把第二句讲完，接下来该男孩讲。消息的颜色不能再用橙色，因为刚刚已经使用过橙色，橙色代表男孩讲完第一句，我们选择红色消息来代表女孩讲完第二句，如图 2-60 所示。

图 2-60 女孩讲完后发送红色消息

接下来的程序你会写了吗？自己来试一试吧。

试一试

自己尝试将讲故事的程序写完。

我们一起来分析一下接下来的程序吧。刚刚我们写到女孩讲完“山上有座庙！”之后，发送了一条红色消息。当男孩接收到红色消息后，就应该讲“庙里有个老和尚！”，讲完之后，同样需要发送一条消息表示自己话已说完，我们让他发送一条黄色消息。继续给男孩编写程序，如图 2-61 所示。

图 2-61 男孩讲完后发送黄色消息

当女孩接收到黄色消息后，自己说下一句“还有一个小和尚！”，说完后发出绿色消息，表示自己说完，编写程序如图 2-62 所示。

图 2-62 女孩讲完后发送绿色消息

男孩接收到绿色消息后，应该讲下一句“老和尚给小和尚讲故事！”，说完后我们让他发出蓝色消息，如图 2-63 所示。

图 2-63　男孩讲完后发出蓝色消息

当女孩接收到蓝色消息之后，明白男孩话已讲完轮到自己了，于是说：“讲的什么故事呢？”说完之后发出紫色消息，程序如图 2-64 所示。

图 2-64　女孩讲完发送紫色消息

女孩说完之后，接下来又该男孩讲第一句“从前有座山！”了，于是我们继续对男孩编写程序，如图 2-65 所示。

图 2-65　男孩再讲第一句

程序到这里就终止了，故事讲到这里也就停止了，要让女孩继续讲第二句，她需要接收到什么颜色的消息呢？查看我们之前编写的程序，女孩是在接收到橙色消息时才会讲第二句“山里有座庙！”。所以，我们对男孩的程序进一步完善，让他接收到紫色消息并讲完“从前有座山！”之后，发出橙色消息，如图 2-66 所示。

图 2-66 男孩讲完后发送橙色消息

单击绿旗，我们发现两人一人一句，轮流把故事讲了下去。男孩与女孩的完整程序分别如图 2-67 和图 2-68 所示。

图 2-67 男孩的完整程序

图 2-68 女孩的完整程序

回顾总结

我们学会了通过发送消息与接收消息控制程序的进程，程序中我们虽然没有使用循环积木块，却通过消息的传递完成了循环任务。此外，我们掌握了说话积木块的使用，需要注意的是说话积木块并不是让角色发出声音，而是以文字的形式显示要说的话。

自主探究

制作动画《跳跳跳》：选择角色 Tic、Tac、Toc，实现当我们单击绿旗时，三个角色轮流跳跃，直到单击停止按钮时程序停止。动画场景如图 2-69 所示。

图 2-69 《跳跳跳》动画场景

第6节 科学实验

“教室里的绿萝为什么枯萎了？”孩子们好奇极了。

“可能是教室里空气不好吧！”

“可能是教室里阳光不充足！”

“我觉得可能因为每天晚上紫外线消毒！”

关于绿萝枯萎的原因，孩子们发表着自己的看法。

“绿萝枯萎的原因到底是什么呢？”贾老师说，“我们一起来研究一下吧！”

项目任务

选择一种你认为可能导致绿萝枯萎的因素进行研究，并用 ScratchJr 记录实验过程与实验结果。

本课我们将以“紫外线”这一因素为例，一起来研究绿萝枯萎是否与长期照射紫外线有关?

实验方法：准备两株相同的绿萝，以相同的方式种植，一株照射紫外线，一株不照射紫外线，过一段时间，观察两株植物的长势，并用 ScratchJr 记录。

注意事项：小朋友需要在老师或家长的指导下做实验，避免长时间照射紫外线。

学习目标

- 掌握声音的录制和播放方法。
- 掌握通过拍摄照片产生舞台背景的方法。
- 掌握新建多个页面并切换页面的方法。
- 掌握用拍照和录音的方式进行记录的方法。

实验过程

1. 实验准备

这是一个典型的对比实验，为了探究绿萝枯萎到底是紫外线的原因还是其他因素的影响，我们需要准备两株长势基本相同的绿萝，采用相同的方法种植，这里我们用水培法种植两株绿萝。一株绿萝将要受到紫外线的照射，一株不会受到紫外线的照射。

怎么用 ScratchJr 记录下我们所做的实验准备呢？我们可以用拍照与录音的方式进行记录。

我们单击选择背景，在选择背景时，我们选择空白的背景，再单击右上角的画笔工具进入绘图编辑器。在这里，我们可以绘制背景，也可以拍摄照片作为舞台背景。

我们单击右下角的照相机工具，然后单击背景区域，就可以进行拍照了，操作步骤如图 2-70 所示。

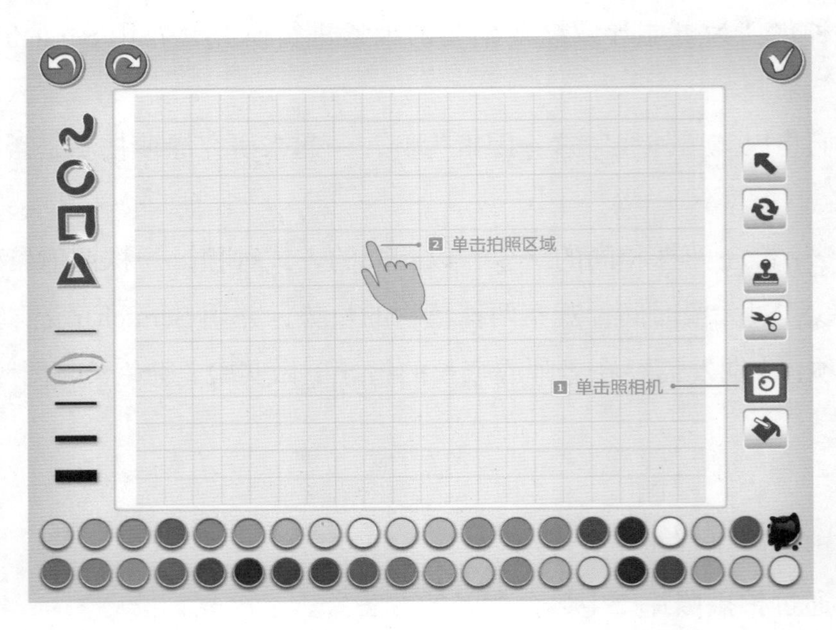

图 2-70　拍照步骤

对准我们所准备的两株绿萝，单击下方的拍照按钮拍照，如图 2-71 所示。如果对自己拍摄的照片不满意，可以重复刚刚的操作步骤，单击照相机，单击舞台背景区域重新拍照，直到满意为止。

图 2-71　单击拍照

最后单击右上角的 ，舞台背景拍摄完毕，如图 2-72 所示。

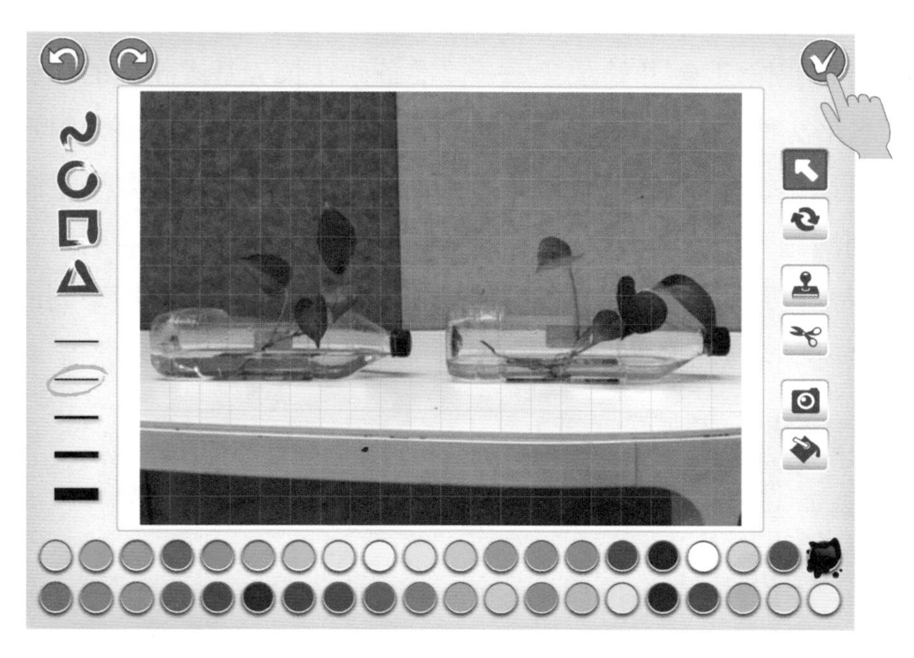

图 2-72 完成拍照

这时，舞台上呈现的效果如图 2-73 所示。

图 2-73 拍照完成后的舞台

我们还可以配上语音讲解，怎样实现语音讲解呢？

我们在声音类积木块中找到话筒图标，单击它会出现如图 2-74 所示的录音面板。

我们单击录音按钮开始录音——“准备两株长势基本相同的绿萝，这两株绿萝都采用水培法种植，瓶子中装入了等量的水。”讲完之后单击停止按钮结束录音。我们可以单击播放按钮试听刚刚的录音，如果对录音效果不满意，可以重新录制直到满意为止。单击右上角的完成录音，我们可以看到声音类积木块中多了一个积木块，积木块右下角的 1 表示这是我们在该页面录制的第一段声音。长按会出现删除按钮，如图 2-75 所示，单击即可删除这段录音。

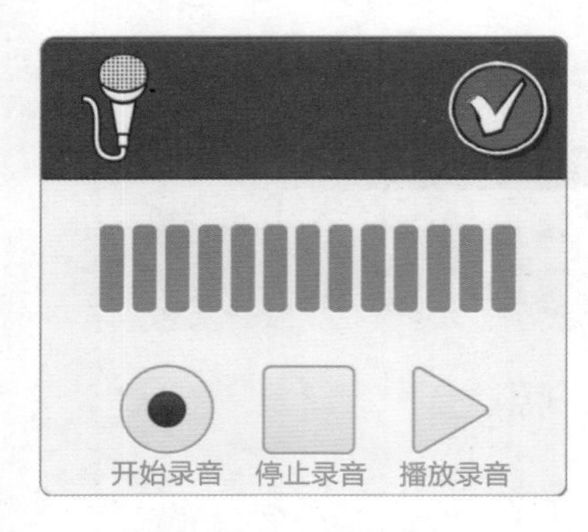

图 2–74　录音面板

图 2–75　删除音频

我们通过编程实现单击角色时播放这段录音，程序如图 2-76 所示。

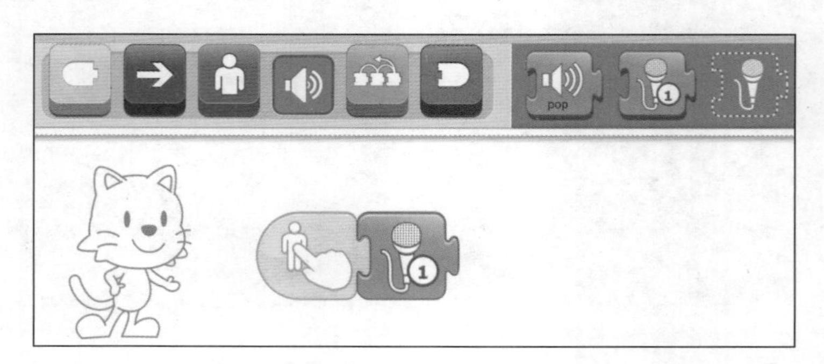

图 2–76　播放声音程序

2. 实验过程

其中一株绿萝作为实验组，将其放在紫外灯下，每晚照射两小时。

怎么用 ScratchJr 记录呢？我们单击舞台右侧的加号添加新的一页，如图 2-77 所示。

图 2-77 添加新一页

这时我们可以发现，现在这个项目有两个页面，如图 2-78 所示。

图 2-78 项目有两个页面

用刚刚学过的方法拍照记录下将绿萝放在紫外灯下的情况，舞台背景如图 2-79 所示。

录音内容是——“将一株绿萝放置在紫外灯下，每晚照射两小时。”播放角色声音的程序如图 2-80 所示。

另一株绿萝作为对照组，将其放在紫外线无法照射到的地方，其他条件与实验组一致。用同样的方法添加一个页面，拍照记录，如图 2-81 所示。

图 2-79　实验组绿萝放在紫外灯下

图 2-80　播放声音程序

录音内容是——“将另一株绿萝放置在紫外线无法照射到的地方。”播放角色声音程序如图 2-82 所示。

图 2-81　对照组绿萝不照射紫外线

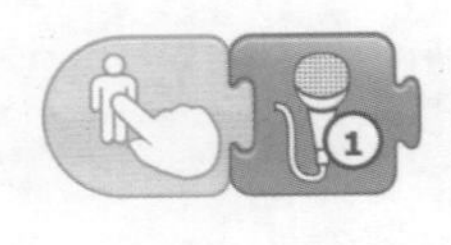

图 2-82　播放声音程序

3. 实验结果

每天将实验结果用 ScratchJr 拍照录音的方式记录下来。一周后我们需要新建一个页面，实验组绿萝和对照组绿萝的生长情况如图 2-83 所示。

录音内容是——“一周之后，照射紫外线的绿萝枯萎了，没有照射紫外线的绿萝生长状况良好。”播放角色声音程序如图 2-84 所示。

图 2-83 一周后绿萝的状态

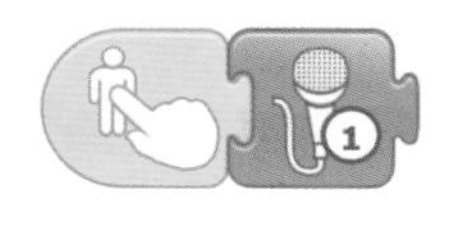

图 2-84 播放声音程序

于是，我们可以得出结论：绿萝枯萎与紫外线照射有关。

4. 展示交流

我们通过 ScratchJr 对本次实验进行了记录，一共用了 4 个页面，如图 2-85 所示。在 ScratchJr 的一个项目中，最多可以使用 4 个页面。

图 2-85 本次记录用了 4 个页面

单击右侧的页面缩览图，可以在各个页面之间相互切换，当我们单击第一页缩览图便可切换到第一页，如图 2-86 所示。

图 2-86　选择页面

单击进入全屏播放，如图 2-87 所示。单击小猫角色便可以听到我们的讲解录音。在屏幕的右下角有一翻页箭头，单击箭头可以向后翻页。

图 2-87　全屏播放

同伙伴一起分享用 ScratchJr 制作的实验记录吧！

回顾总结

通过本课的学习，我们发现了 ScratchJr 的另一种可能，原来 ScratchJr 还可以成为一种记录工具，我们可以用拍照与录音的方式进行记录。小朋友还可以用同样的方法研究和记录其他因素是否会导致绿萝枯萎。

自主探究

观察蜗牛，如图 2-88 所示，并用 ScratchJr 记录。

提示：你可以观察蜗牛的身体结构与爬行方式。

图 2-88 蜗牛

第3节 太空之旅

你听过“嫦娥奔月”的故事吗？月亮上面真的住着嫦娥仙子吗？广寒宫是不是很冷呢？

1969 年 7 月 20 日，美国宇航员阿姆斯特朗将左脚小心翼翼地踏上了月球表面，这是人类第一次踏上月球。

月亮上并没有住着仙子，浩瀚的宇宙中还有许多奥秘等着我们去探索。造一艘火箭，乘着它去太空旅行吧！

项目任务

制作动画：动画由 3 个页面组成。第 1 个页面，火箭从地球上的沙漠中发射升空；第 2 个页面，火箭在太空中朝着月球飞行；第 3 个页面，火箭在月球上着陆，宇航员走下飞行器，并在月球上插上团队旗帜。

学习目标

- 掌握让角色斜向运动的方法。
- 掌握通过拍照的方式修改角色的方法。
- 能够通过绘图编辑器绘制新角色。
- 会使用显示积木块和隐藏积木块。

程序设计

1. 火箭升空

第 1 个页面是火箭从地球上的沙漠中发射升空，我们删掉小猫角色，添加火箭角色，并将背景设置为“沙漠”，调整火箭在沙漠中的初始位置，如图 2-89 所示。

我们只需要编程实现火箭向上运动即可，编写如图 2-90 所示的程序。

2. 飞向月球

第 2 个页面是火箭在太空中朝着月球飞行。我们新建一个页面，删除小猫角色，将背景设置为“太空”，再添加火箭角色，如图 2-91 所示。

图 2-89 添加角色和背景

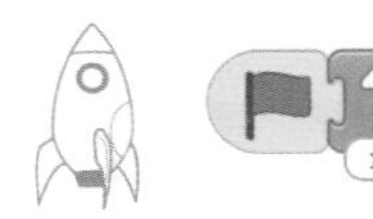

图 2-90 火箭向上运动程序

图 2-91 第 2 个页面的角色和背景

我们发现，火箭在这样的背景下显得太大了，我们使用缩小积木块将火箭角色缩至最小。为了让火箭的飞行动画不至于显得单调，我们将火箭放置在背景下方靠左的位置，如图 2-92 所示，稍后我们让它斜着飞向月球。

想一想

我们的编程积木块里没有斜向运动的积木块，怎样才能让火箭斜向运动呢？

图 2–92　设置火箭的大小和位置

要想让火箭朝向月球，我们需要将火箭稍作旋转。由于月球在火箭的右方，我们通过编程让火箭向右旋转一个较小的角度，程序如图 2-93 所示。

现在火箭已经朝向月球了，如图 2-94 所示。怎样才能让它斜着飞向月球呢？

图 2–93　火箭向右旋转程序

图 2–94　火箭朝向月球

月球在火箭的右方，同时也在火箭的上方，所以，火箭需要同时向右和向上运动，我们可以通过多线程编程来实现。飞行的距离我们可以通过多次尝试进行调整。火箭飞行的完整程序如图 2-95 所示。

 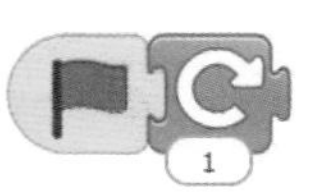 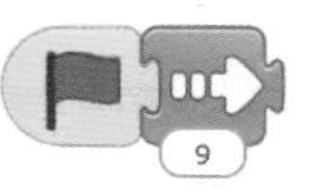 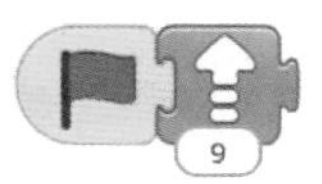

图 2–95　火箭飞行程序

该页面呈现的是我们在一个很远的地方看到的画面，由于我们距离火箭比较远，火箭在太空中的运动应该看起来要慢一些，所以我们可以添加慢速积木块来得到这样的效果。

3. 抵达月球

添加火箭角色，选择月球背景，如图 2-96 所示。为了确保安全，火箭的着陆过程是比较缓慢的，应该从月球上方缓缓降落。

图 2–96　角色与月球背景

火箭着陆之后就该宇航员登场了，所以我们让火箭通过发消息的形式宣告自己着陆完毕。我们为火箭编写着陆程序，如图 2-97 所示。

火箭着陆之后，宇航员从飞行器上走出来。我们添加一个宇航员的角色，角色名称是“太空人”。想不想让自己成为故事里的主角呢？今天，你也可以当一回宇航员。我们利用画笔对角色进行编辑修改，如图 2-98 所示。

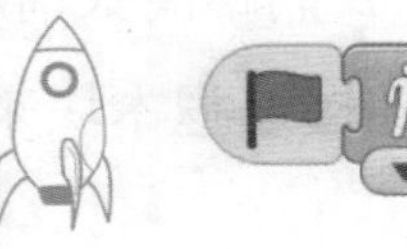

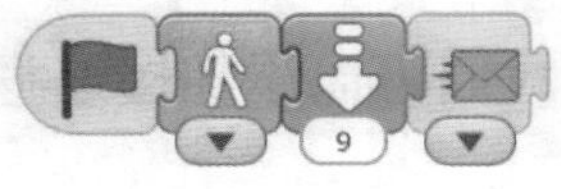

图 2-97 火箭着陆程序

图 2-98 单击画笔修改角色

要把宇航员角色的面部换成自己的脸，我们一起来看看是怎样实现的吧。单击画笔之后我们进入了绘图编辑器，在绘图编辑器的右下角选择照相机，然后选中宇航员的面部区域，操作步骤如图 2-99 所示。

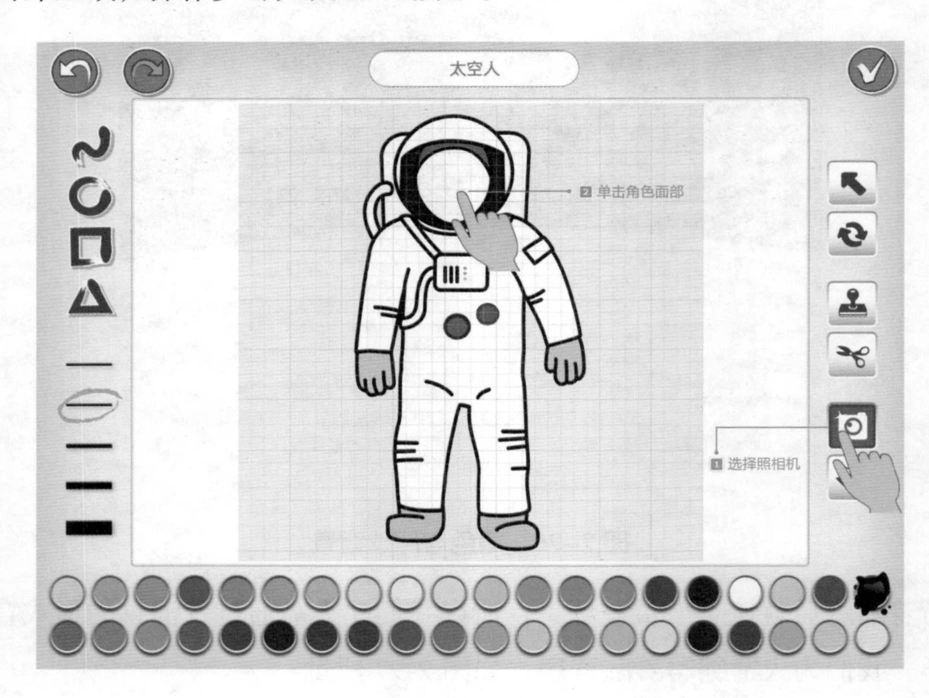

图 2-99 拍照步骤

现在，我们可以把拍摄的照片填充到宇航员的面部。单击下方的拍照按钮进行拍照，历史上第一位戴眼镜登月的宇航员便诞生了，如图 2-100 所示。如果对拍摄的照片不满意，可以重复上面的操作步骤重新拍照。

图 2-100 单击按钮完成拍照

角色编辑完毕之后，单击角色编辑器右上方的 确定即可。

在火箭着陆之前，宇航员这一角色应该处于隐藏状态，着陆成功后再显示出来。我们在外观类积木块中找到隐藏积木块 ，将它拖到编程区，并单击一下，我们发现宇航员这一角色隐藏了。火箭在着陆成功之后发送一条橙色的消息，宇航员在接收到橙色消息之后显示出来。为宇航员编写如图 2-101 所示的程序。

图 2-101 宇航员出现的程序

宇航员出现之后需要离开飞行器，宇航员在月球上是以跳跃的方式行进的。由于跳跃和前进是同时发生的，所以这两件事需要同时被触发。我们让宇航员显示之后发送一条红色的消息，当接收到红色消息后，同时跳跃与向右走。宇航员在月球上的行走任务完成后，我们让宇航员发送一条黄色的消息，用于触发下一个程序。宇航员的完整程序如图 2-102 所示。

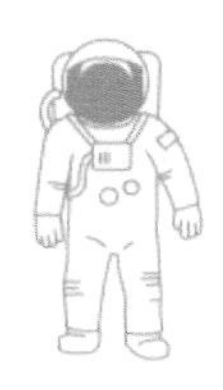

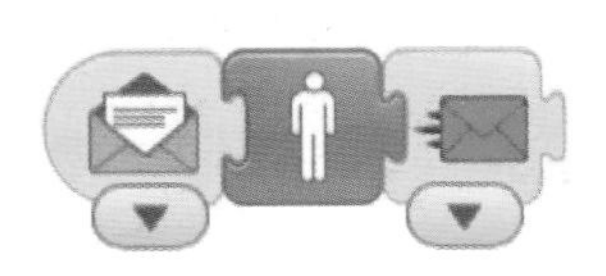

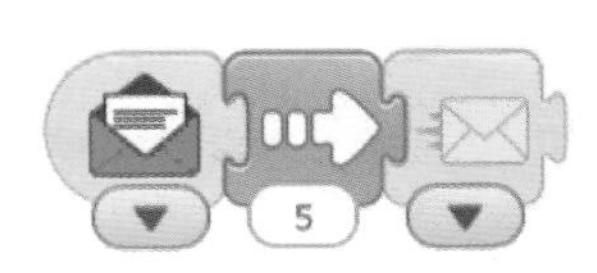

图 2-102 宇航员的完整程序

不过，我们需要调整一下火箭与宇航员的叠放次序，让火箭在最上层，这样宇航员才有一种从飞行器中逐渐走出来的效果。

4. 团队旗帜

宇航员的下一个任务是在月球表面插上团队旗帜，可是在角色库里没有团队旗帜这一角色，怎么办呢？我们可以自己绘制一面团队旗帜。

试一试

自己尝试绘制一面团队旗帜。

怎么绘制所需要的角色呢？我们单击添加角色，选中空白的角色，然后再单击右上角的画笔就可以绘制我们所需要的角色了。

我们一起来看看怎样绘制团队旗帜吧。首先选中方形工具，选择颜色，拖拽绘制一个蓝色的长方框，如图 2-103 所示。

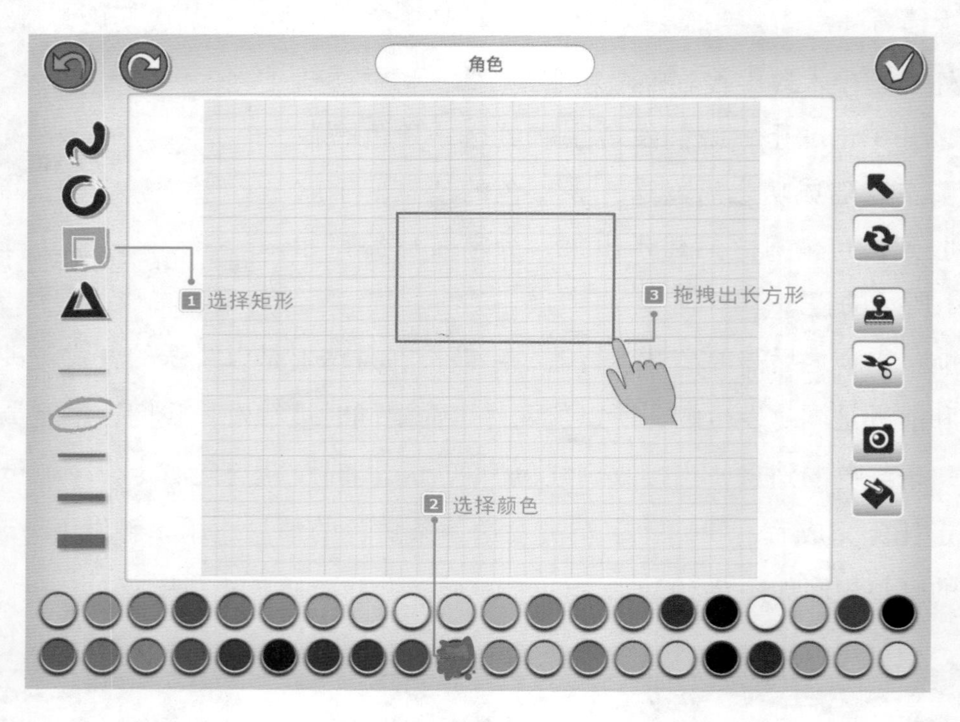

图 2-103　绘制长方形

选择填充工具，将矩形内部填充成蓝色，如图 2-104 所示。

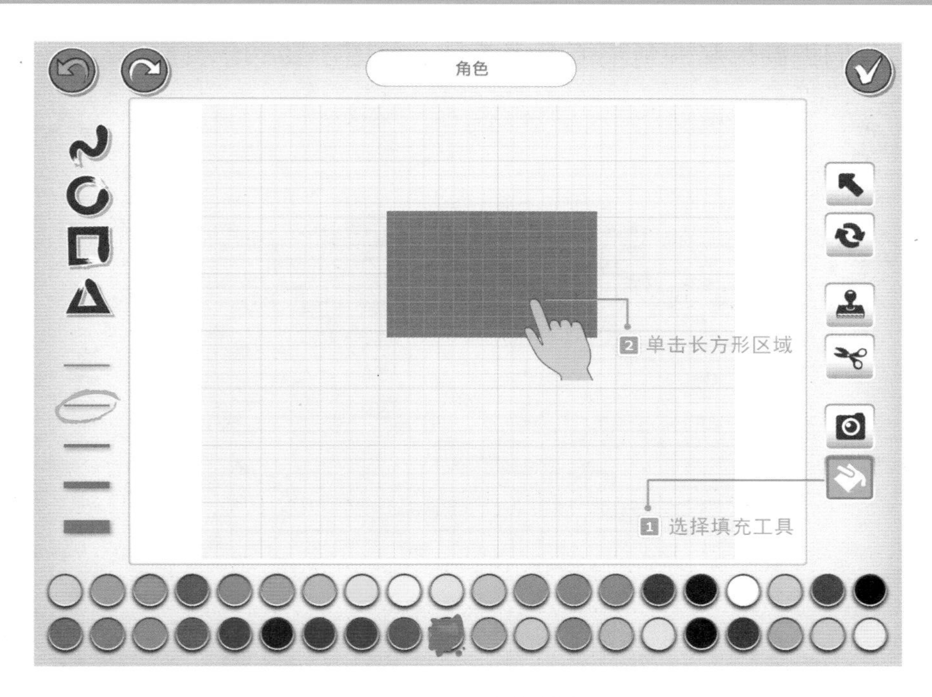

图 2-104 填充蓝色

我们可以通过两个手指进行缩放将绘图区域放大，便于我们绘制五角星。选择线条工具，选择黄色并绘制出五角星，如图 2-105 所示。

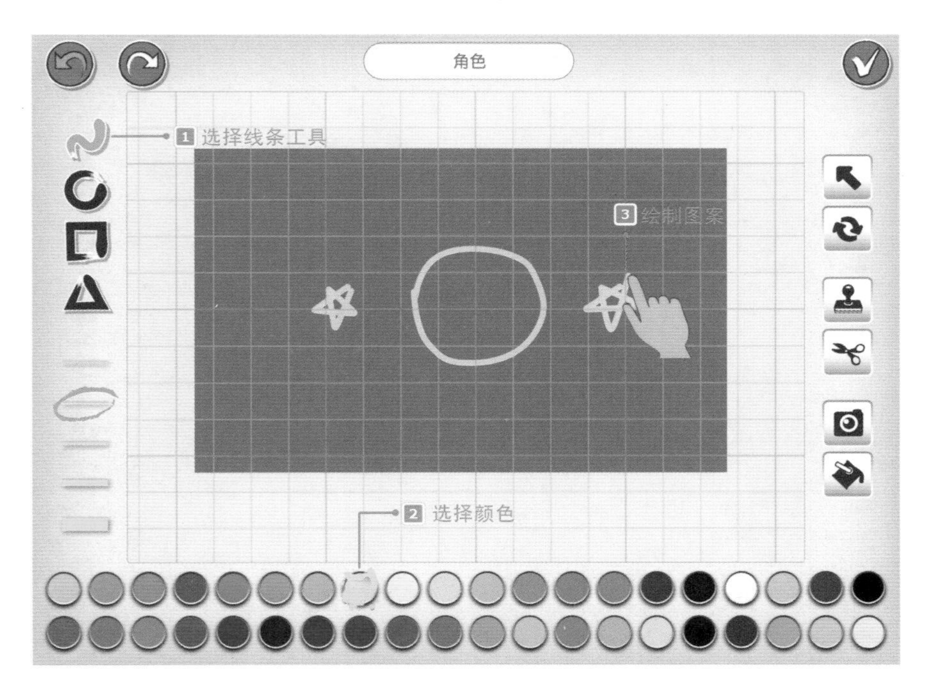

图 2-105 绘制五角星

然后，我们把圆形和五角星填充成黄色，如图 2-106 所示。

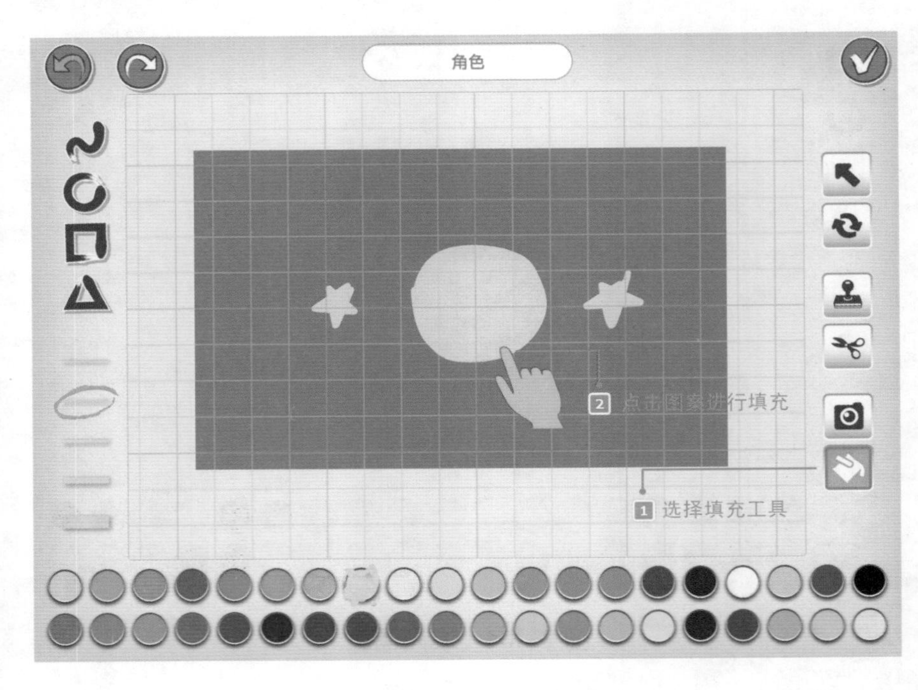

图 2-106　填充五角星

最后，绘制旗杆。绘制旗杆时我们需要选择较粗一些的线条，如图 2-107 所示。

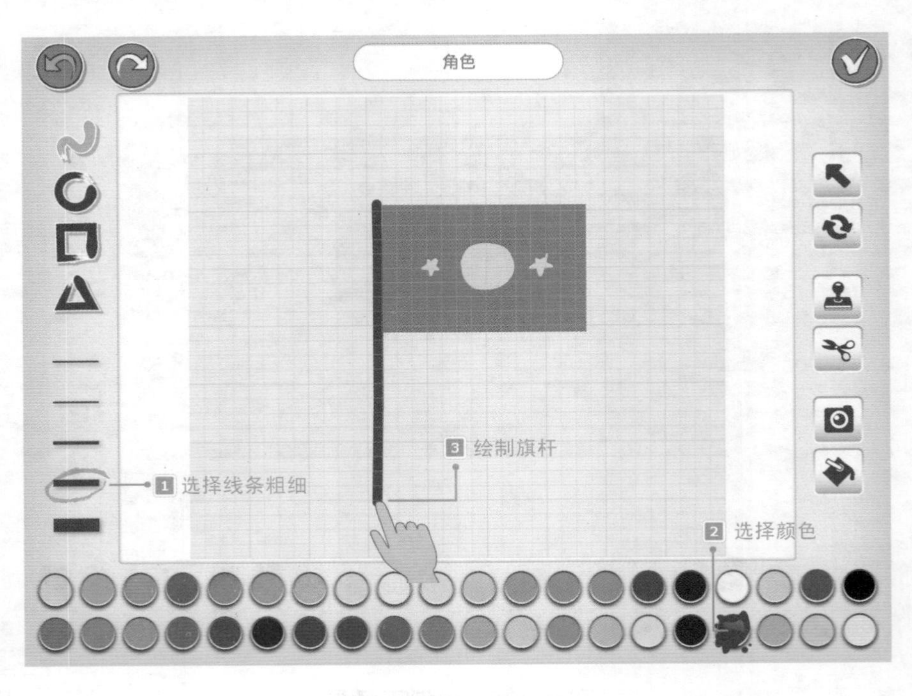

图 2-107　绘制旗杆

这样一面展开的团队旗帜便绘制好了，单击右上角的✔完成绘制。

我们将团队旗帜放置在宇航员最终到达的位置附近，并将其隐藏。宇航员完成行走任务之后会发送一条黄色的消息，当团队旗帜接收到黄色消息时便可以显示出来，显示出来后我们让它向下移动一格，模拟插上月球的动作。对团队旗帜的编程如图 2-108 所示。

现在播放一下我们制作的动画吧。

5. 自动切换页面

我们制作的动画有 3 个页面，我们在播放动画时是通过手动的形式进行翻页的，那么能不能通过编程实现自动翻页呢?

当然可以。当我们新建多个页面时，在结束类积木块中会出现切换积木块，如图 2-109 所示，当我们选中第 1 页时出现“切换至第 2 页”与“切换至第 3 页”积木块。

图 2–108　旗帜的程序

图 2–109　结束类积木块

我们只需要在第 1 页与第 2 页中最后执行完毕的程序末尾加入切换页面积木块即可。我们再对之前编写的程序再作完善。

第 1 页中，火箭升空完毕之后自动切换至第 2 页，程序如图 2-110 所示。

第 2 页中，火箭在太空中飞行一段距离之后自动切换至第 3 页，程序如图 2-111 所示。

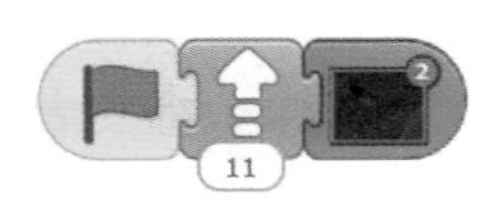

图 2–110　切换至第 2 页的程序

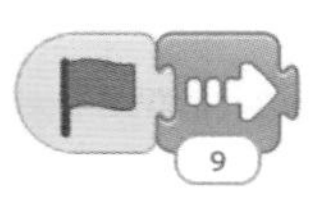

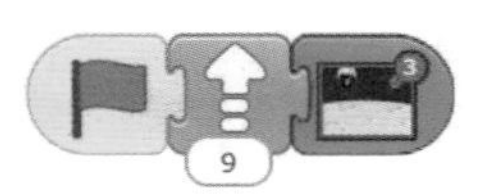

图 2–111　切换至第 3 页的程序

至此，“太空之旅”动画制作完毕，当然，还可以根据自己的想法进一步修改或再创作。最后，我们回到第 1 页，全屏播放，欣赏这一次完美的太空旅行吧。

回顾总结

我们掌握了让角色斜向运动的方法，斜向运动实际是水平和竖直两个方向的运动组合。

我们体验了用拍照的方式修改角色，并使用绘图编辑器绘制新角色。

掌握了通过编程实现页面自动切换的方法。

自主探究

综合运用本节课与上节课所学过的知识，制作一个带有声音对话的多页面动画。

第3章
游戏设计

你玩过计算机游戏吗？计算机游戏都是通过编程设计出来的。通过 ScratchJr 编程，我们可以自己设计游戏！

第1节 深海冒险

海底世界多姿多彩，有飘摇的海草，有绚丽的珊瑚，有游动的鱼群，还有海马、海星……对了，别看珊瑚静静地挺立在那里，其实珊瑚是动物哦！海星也是动物，不过它可不会游泳，只能在海底爬行，海星爬行的姿势可有趣了。

小海马和小海星是一对好朋友，小海马每天都要去看望自己的小海星朋友。

小海马睁着一双好奇的眼睛，一边游动一边四处观察，一定要当心那些游来游去的鱼儿，千万不要被它们撞上。

项目任务

制作游戏:游戏的主角是一只海马，它的任务是穿过游动的鱼群，与海星相遇。当海马被单击时，海马向下移动1格，如果海马在旅途中撞上小鱼，游戏失败，海马消失；如果海马顺利到达海星所在的位置，海马宣布“胜利”。

学习目标

通过运用发送和接收消息功能实现条件判断。

程序设计

1. 选择角色与背景

根据游戏剧情，故事发生在海底，我们选择舞台背景为“水下”。添加的角色有“鱼”“海马”和“海星”，为了让游戏难度适中，我们选择两条小鱼，如图 3-1 所示。

图 3-1 选择背景与角色

2. 游动的小鱼

首先我们对一条绿色的小鱼编程，让它游动起来，程序如图 3-2 所示。

图 3-2 小鱼游动程序

另一条黄色小鱼游动的程序和上图的程序一模一样，还需要我们重新编写一次吗？完全不需要，我们可以把程序复制给另一条小鱼，怎么复制呢？我们只需要把这段程序拖动到角色列表中的另一条小鱼上面放手即可，如图 3-3 所示，赶快试试吧。

很快，让两条小鱼游动的程序就编写完成了。

图 3-3　复制程序

3. 游戏规则

怎么实现单击海马时海马向下游动呢？相信这个难不倒你，我们需要使用单击角色积木块触发程序。海马游动程序如图 3-4 所示。

根据游戏规则，海马碰到小鱼时海马会消失，你会怎么编写程序呢？

试一试

编程实现当海马碰到小鱼时海马消失。

如果我们为海马编写如图 3-5 所示的程序，可以吗？

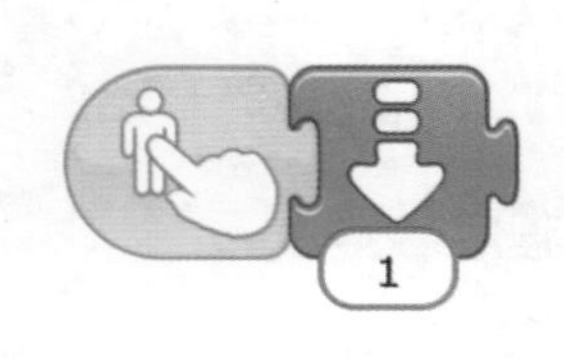

图 3-4　海马游动程序

图 3-5　这样编写可以吗

如果仅仅是为了实现海马碰到小鱼时海马消失，图 3-5 所示的程序是可以的，不过我们发现，如果这样编写程序，即使海马顺利穿过了鱼群，在遇到海星的那一刻海马也会消失。所以，我们在设计程序时，需要对所有的条件与规则做全盘考虑。

怎么才能让海马区分自己遇到的到底是小鱼还是海星呢?

想一想

怎么才能让海马区分自己遇到的是小鱼还是海星?

为了让海马区分自己遇到的到底是哪种动物，我们可以使用发送与接收消息积木块，根据所接收消息的不同来判断遇到的是哪种动物。

如果小鱼被海马碰到了，我们让小鱼发出一条橙色的消息，两条小鱼的程序相同，如图 3-6 所示。

如果海星被海马碰到，我们让海星发出一条红色的消息，如图 3-7 所示。

图 3-6　小鱼发出橙色消息　　图 3-7　海星发出红色消息

当海马接收到橙色消息时，表示自己遇到小鱼，海马消失，游戏失败；当海马接收到红色消息时，表示自己遇到海星，即到达终点，游戏成功，海马说“成功”。海马的完整程序如图 3-8 所示。

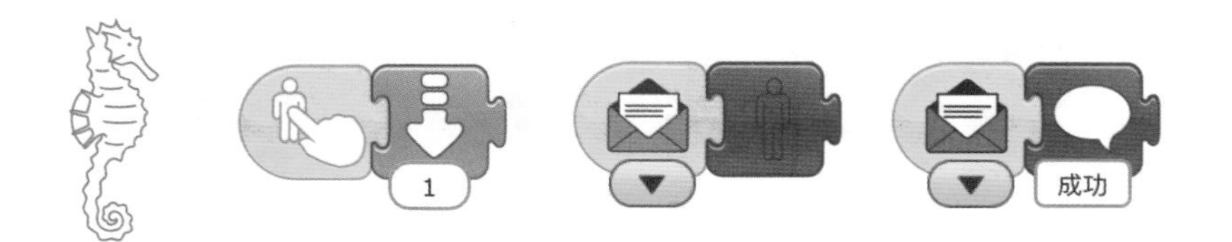

图 3-8　海马的完整程序

到这里，我们用 ScratchJr 制作的第一款游戏“深海冒险”便完成了，让你的朋友、家人玩一玩你制作的这款游戏吧。

回顾总结

通过“深海冒险”这款游戏的制作，大家应该感受到在编写程序时，我们需要对所有的规则进行全盘考虑，避免顾此失彼。在 ScratchJr 中，通过发送与接收消息可以实现条件判断。

自主探究

对“深海冒险”这款游戏进行改进，让“海底世界”成为一个难度递增的多关卡游戏。

提示：需要添加新的页面。

第2节 小心蘑菇

夜幕降临，骑手距离家还有一段遥远的路程。

更糟糕的是，回家的路途并没有那么顺利，骑手要穿过一片黑暗的森林。在这片森林中偶尔会遇到小小的蘑菇，千万不要小看这些蘑菇！

这些漂亮的蘑菇如同被施了魔法，如果不小心碾压到它们，自行车就会被损坏，骑手便只能在森林中度过这个可怕的夜晚了。

为了能够顺利到家，骑手不得不提高警惕，小心避开这些蘑菇……

项目任务

制作游戏：骑手在骑行回家的路上会遇到一些蘑菇，在遇到蘑菇时自行车需要跳起来越过蘑菇，如果碾压到蘑菇，游戏失败，骑手到家则游戏成功。

学习目标

- 初步感知相对运动。
- 学习循环次数积木块的使用。
- 学习停止积木块的使用。

程序设计

1. 暗夜骑行

我们选择森林背景，并添加一个骑手角色。

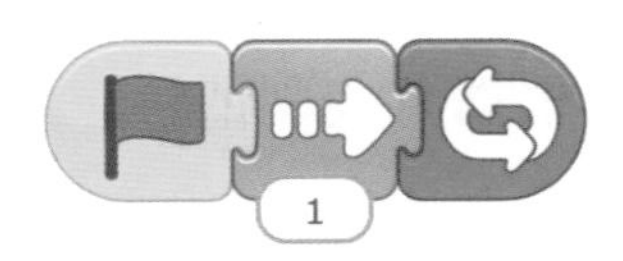

图 3–9 骑手移动程序

怎么编写让角色移动的程序呢？编写如图 3-9 所示的程序可以吗？

如果像这样编写程序，骑手不一会儿就可以走遍整个舞台。我们删掉这段程序，另寻解决方案吧。

实际上在很多游戏中，角色在屏幕中的位置并没有发生变化，但是给我们的感觉却是角色在移动，为什么呢？回忆一下自己坐车时的感受，我们透过车窗看到路边的树木向后退，实际上树木并没有移动，而是汽车在前进。这样的经历对我们设计游戏有帮助吗？

为了在游戏中实现角色向前移动的效果，我们可以让角色不动而让背景向后运动，这样，看起来就是角色在向前移动了。但是在 ScratchJr 中，我们无法通过对舞台背景编程让背景移动。

想一想

既然无法对舞台背景编程，怎样实现背景向后移动的效果呢？

我们在乘车的时候会发现，当汽车向前运动时，窗外的景物看起来在向后移动，并且离我们越远的景物看起来移动得越缓慢，离我们越近的景物看起来移动得越快。

在游戏中，希望舞台背景移动，实际上就是希望角色周围的景物移动，我们看看舞台背景中有哪些景物吧。舞台背景中有大树、月亮、星辰，在游戏中，月亮、

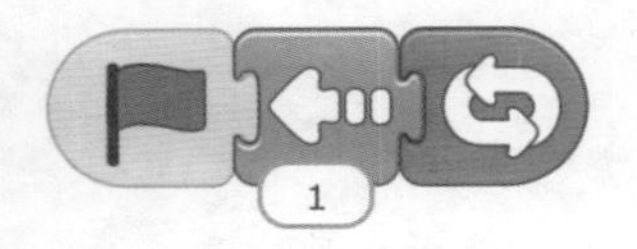

图 3-10 大树移动程序

星辰、远处的森林离我们较远，移动不会太明显，如果近处有大树，大树的移动看起来会明显一些。

为了实现近处的大树向后移动的效果，我们添加一个大树角色，并对大树编程使它向骑手的后方移动，也就是向舞台的左边移动，大树移动程序如图 3-10 所示。

当我们单击绿旗时，角色不动，而大树往后移动，看起来就像骑手在向前骑行一样。

2. 遇见蘑菇

根据游戏剧情，骑手在骑行时会遇到生长在路上的蘑菇，我们让蘑菇以最快的速度向左移动。

想一想

蘑菇生长在地面上，我们为什么要让它移动呢？

我们将游戏设计为骑手遇到 6 次蘑菇就可以到家，怎么编写程序实现蘑菇正好出现 6 次呢？

试一试

编写程序实现蘑菇出现 6 次。

我们只需要让蘑菇在舞台上通过 6 次就可以了，由于舞台的长度是 20 格，那么蘑菇只需向左移动 6 次，每次移动 20 格即可，你可以编写如图 3-11 所示的程序。

图 3-11 向左移动 6 次的程序

在编写这段程序的过程中，我们每次都要选择相同的积木块，输入相同的数据，做了 6 次完全相同的事情，单调乏味。那么像这样单调重复的事情能不能交给 ScratchJr 来完成呢？当然可以！

在控制类积木块中，可以看到有一个循环积木块，我们可以通过它来控制程序循环执行的次数。蘑菇需要向左移动 6 次，每次 20 格，之后我们让蘑菇隐藏，不再出现。我们只需要使蘑菇执行如图 3-12 所示的程序就可以了。

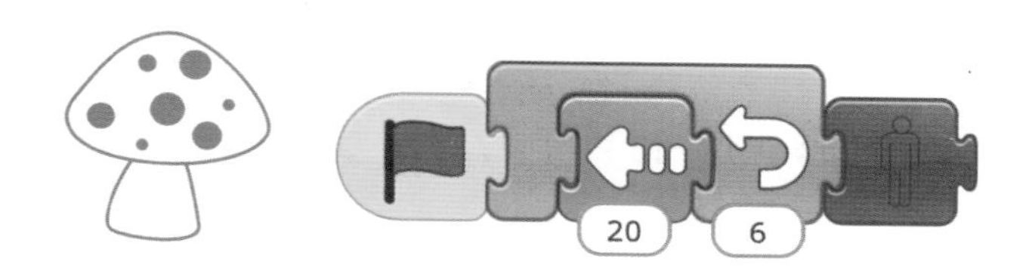

图 3-12　蘑菇出现 6 次的程序

你有没有发现，实现的功能完全一样，程序却简洁多了。

骑手在靠近蘑菇时，需要跳跃避免碾压蘑菇，注意自行车在跃起时，是前轮先离开地面，骑手跳跃的程序如图 3-13 所示，这个程序相信你不会陌生。

3. 如果失败

根据游戏规则，当自行车碰到蘑菇时，自行车被损坏，游戏失败，自行车消失。

想一想

为了实现碰到蘑菇时自行车消失，编写如图 3-14 所示的程序可以吗？

图 3-13　自行车跳跃程序

图 3-14　这样可以吗

当蘑菇被自行车碰到时，我们让蘑菇发送一条橙色的消息后隐藏。实际上，我们把蘑菇隐藏之后，它还在继续运动，所以我们需要让蘑菇的运动停止。

想一想

怎样才能知道隐藏后的蘑菇是否还在运动？

怎样才能让蘑菇停止运动呢？在控制类积木块中有一种停止积木块，执行停止积木块后，角色所有正在执行的程序都会停止。我们进一步修改蘑菇的程序，如图 3-15 所示。

图 3-15　蘑菇消失程序

当自行车接收到橙色消息时，自行车消失，游戏失败，程序如图 3-16 所示。

图 3-16　自行车消失程序

由于景物后退是从骑手的视角看到的，既然游戏失败，骑手消失，我们也让树停止移动吧。大树停止移动的程序如图 3-17 所示。

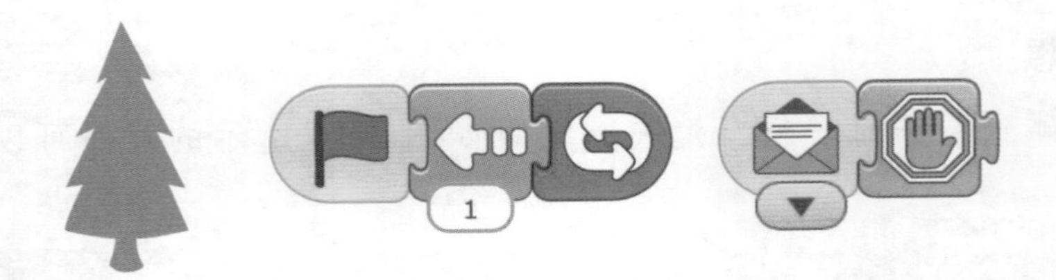

图 3-17　大树停止移动程序

4. 顺利到家

根据我们的设计，骑手顺利越过路途中的 6 个蘑菇后，就可以回到自己家。我们在角色库中选择“房子”角色作为骑手的家，我们把房子放置在舞台的最右侧，并执行将房子隐藏，房子在什么时候出现呢？当舞台上经过 6 个蘑菇之后，我们可以通过消息来通知房子“是时候出现了”。现在我们还要继续对蘑菇的角色进行修改，如果蘑菇安全地从舞台经过 6 次，就发送一条红色的消息。蘑菇的完整程序如图 3-18 所示。

骑手继续骑行，家离自己越来越近，那么房子相对骑手而言就应该向左移动，我们让房子显示出来并移动到舞台中央位置，程序如图 3-19 所示。

图 3-18 蘑菇的完整程序

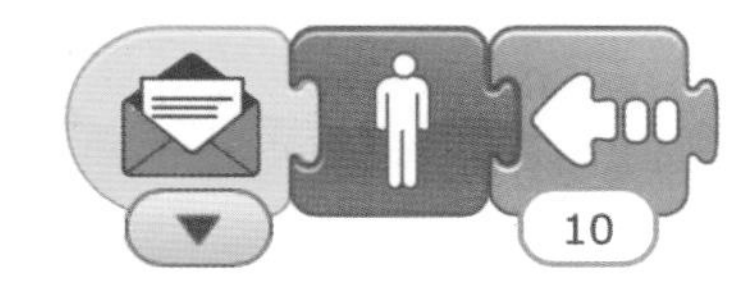

图 3-19 房子的程序

当然，当骑手看到自己的家时，房子停在舞台中央，树也就不可能是运动着的，我们需要让树也停止运动。大树的完整程序如图 3-20 所示。

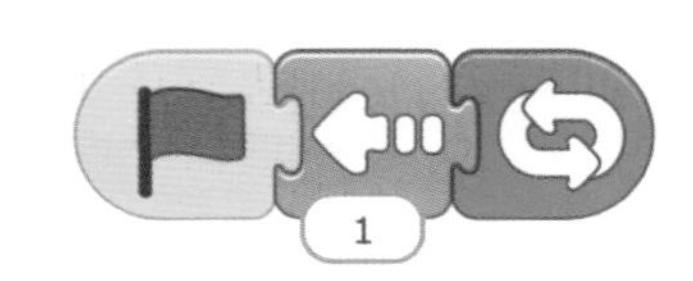

图 3-20 大树的完整程序

这样，一款用 ScratchJr 编程制作的游戏便完成了，赶快体验一下吧。

回顾总结

在制作“小心蘑菇”这款游戏时，我们了解了相对运动，借助生活中的例子可以帮助我们对相对运动有更直观的认识。使用停止积木块可以让我们停止角色正在执行的所有程序。通过这一次制作，我们更应该感受到，编程的过程不是一蹴而就的，而是一步一步在试验中不断完善程序，以达到我们想要的效果。

自主探究

对“小心蘑菇”这款游戏进行改进，让“小心蘑菇”成为一个难度递增的多关卡游戏。

第3节 骑行比赛

“加油！加油！”呐喊声此起彼伏。

这是一场激烈的自行车比赛，绿方骑手和蓝方骑手正骑着自行车向终点飞驰。

看！蓝方铆足了劲向前骑行超过绿方，而绿方选手也不甘示弱，拼尽全力把蓝方甩在了身后。

双方选手争先恐后，到底最终谁会赢得这场比赛呢?

项目任务

制作游戏：制作一款自行车比赛双人游戏，游戏双方通过单击屏幕上的按钮来控制各自的自行车前进，先到达的一方获胜，并说“胜利”。

学习目标

- 掌握通过按钮来控制角色移动的方法。
- 了解双人游戏的制作方法。

程序设计

1. 按钮控制的自行车

导入两个骑手角色，骑手的行进路线是从屏幕的左侧移动到屏幕的右侧。我们将两名骑手放置在屏幕左侧相同的起跑线上，为了方便表述，将穿绿色衣服的女性骑手称之为“绿队”，将穿蓝色衣服的男性骑手称之为“蓝队”。

此外，还需要加入两个按钮角色，用来控制角色的运动。我们绘制一个绿色的圆形按钮用于控制“绿队”的运动，绘制一个蓝色的圆形按钮用于控制“蓝队”的运动，如图 3-21 所示。

图 3-21　添加角色

通过之前的学习，我们已经知道如何通过单击角色本身实现角色的运动，那么如何实现通过单击按钮来控制角色的运动呢?

为了让角色知道对应的按钮被单击，依然可以使用发送消息与接收消息的方式。当某一按钮被单击时，按钮发送一条消息，当对应的角色接收到消息时，就向前移动一格。

我们让绿色按钮被单击时发出一条绿色消息，“绿队”接收到绿色消息时移动一格，绿色按钮程序如图 3-22 所示，绿色骑手程序如图 3-23 所示。

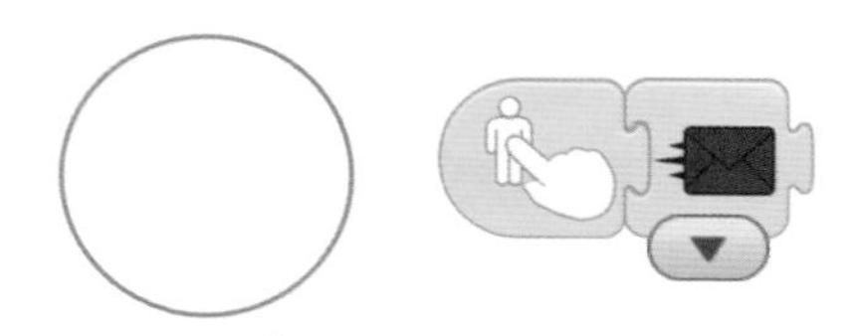

图 3-22　绿色按钮程序

图 3-23　“绿队”程序

我们让蓝色按钮被单击时发出一条蓝色消息，“蓝队”接收到蓝色消息时移动一格，蓝色按钮程序如图 3-24 所示，蓝色骑手程序如图 3-25 所示。

编写程序后，我们发现两个按钮果然可以分别控制对应的角色移动，现在就与你的小伙伴一起玩一玩吧。

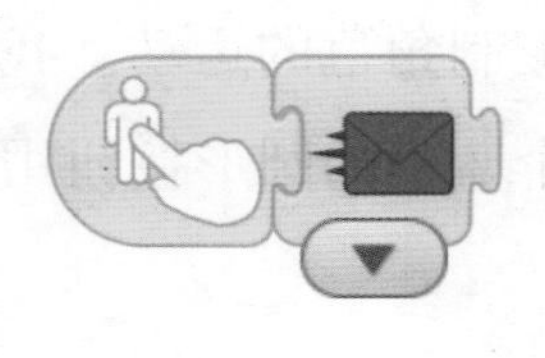

图 3-24　蓝色按钮程序

图 3-25 “蓝队” 程序

2. 不得抢跑

很快我们会发现,两个玩家在玩的时候,很容易发生抢跑。这个问题怎么解决呢?

或许你已经想到了一个很不错的解决办法，那就动手试试吧。你也可以参考以下的解决办法。

我们可以这样考虑，在游戏开始之前让两个按钮隐藏，玩家便无法操控自己的角色。我们需要一个类似于“发令员”的角色，当“发令员”宣布“Ready！Go！”之后，按钮才显示出来，玩家才可以操控自己的角色移动。我们添加一个小孩角色充当“发令员”，如图 3-26 所示。

图 3-26　添加“小孩”角色

我们让“发令员”发出“Ready！ Go！”的口令之后，发出一条橙色的消息，以便通知按钮角色“你们可以出现了。”。“发令员”在执行完这一系列的程序之后，我们让其隐藏。对“发令员”的编程如图 3-27 所示。

想一想

为什么要让发令员隐藏?

图 3-27 发令员的程序

当按钮接收到橙色消息时显示出来，对绿色与蓝色按钮编程分别如图 3-28 和图 3-29 所示。

图 3-28 绿色按钮程序

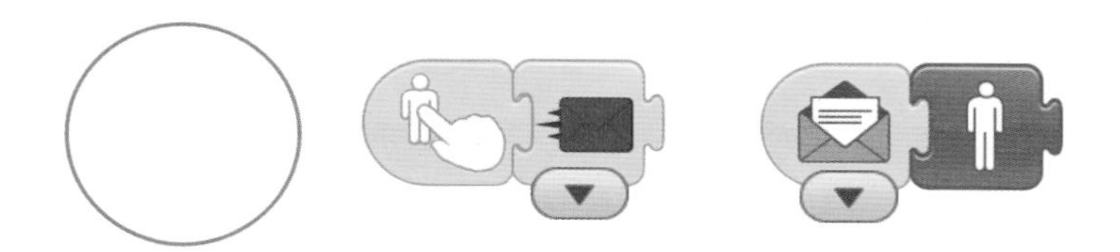

图 3-29 蓝色按钮程序

怎么样，想抢跑的小伙伴希望落空了吧！

3. 谁先到终点

像这样的两人竞技游戏还需要解决的问题是——区分胜负。怎样判断谁先到达终点呢？我们先绘制一条终点线吧，如图 3-30 所示，这里绘制了一条红色的线作为终点线。

当领先的一队触碰到终点线时，我们让终点线隐藏，率先触碰到终点线的一方宣布胜利，那么落后的一方便无法触碰到终点线。我们对两位骑手编写程序，当发生触碰时，发出一条红色的消息以通知终点线隐藏，先触碰到终点线的旗手宣布“胜利！”。“绿队”的完整程序如图 3-31 所示，“蓝队”的完整程序如图 3-32 所示。

图 3-30　绘制终点线

图 3-31　“绿队”的完整程序

图 3-32　“蓝队”的完整程序

对终点线编写程序，当终点线接收到红色消息时，终点线隐藏，程序如图 3-33 所示。

图 3-33　终点线程序

这样，一款双人竞技游戏就编好了，与你的小伙伴一起体验一下吧！你还可以在此基础上继续改进完善。

回顾总结

在制作“骑行比赛”这款游戏的过程中，我们学会了怎样使用按钮来控制角色的移动。在程序的设计过程中，我们往往会遇到一些问题，面对问题时我们要静下心来开动脑筋，积极寻找解决的办法。

自主探究

对“骑行比赛”这款游戏进行改进，如在自行车赛道上增加移动的障碍物，当自行车碰到障碍物时会阻碍自行车的行进，以增加游戏的难度和趣味性。

第4节 寻找精灵

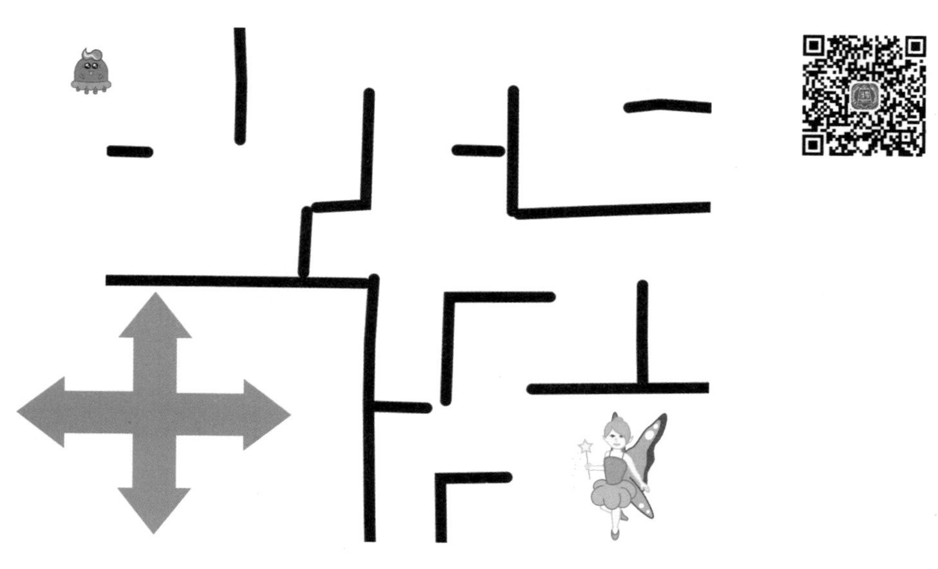

精灵拥有令人羡慕的魔法和非凡的才干，所以森林王国里的一切事务都由她来掌管。

黑寡妇蜘蛛嫉妒精灵的才能，于是设诡计掳走了精灵，并用蜘蛛网建造了一个迷宫，将精灵囚禁在迷宫里。

森林王国失去了管理者，秩序一片混乱。这时，勇敢的Tac站了出来，决定代表大家去寻找被困的精灵。

Tac来到了迷宫的门口，嗅到了危险的气息。他发现，黑寡妇蜘蛛不仅用蜘蛛网建造了迷宫，还将毒液涂在了蜘蛛网上……

项目任务

制作游戏：游戏的主人公Tac需要找到藏在迷宫之中的精灵，玩家通过按钮控制Tac从起点出发，穿过迷宫找到精灵，如果游戏角色在行走过程中碰到迷宫墙壁，作为惩罚，Tac将被迫返回到起点重新开始。如果Tac顺利找到精灵，Tac会说“终于找到你了！”表示游戏胜利。

学习目标

- 掌握通过按钮控制角色朝上、下、左、右四个方向移动的方法。
- 掌握通过程序控制让角色返回起始点的方法。

程序设计

1. 绘制迷宫

首先，需要耐心地绘制一个迷宫。绘制的时候，我们在左下角留出一片空白区域，稍后用于放置方向按钮。左上角与右下角留出一小块空白区域，分别用于放置主人公Tac和精灵。图3-34所示是设计好的一个迷宫，黑色的线条相当于迷宫的墙壁。

确定之后，我们发现迷宫放在舞台上实在是太小了。我们将迷宫放大到最大限度，如图3-35所示，这样是不是好多了？

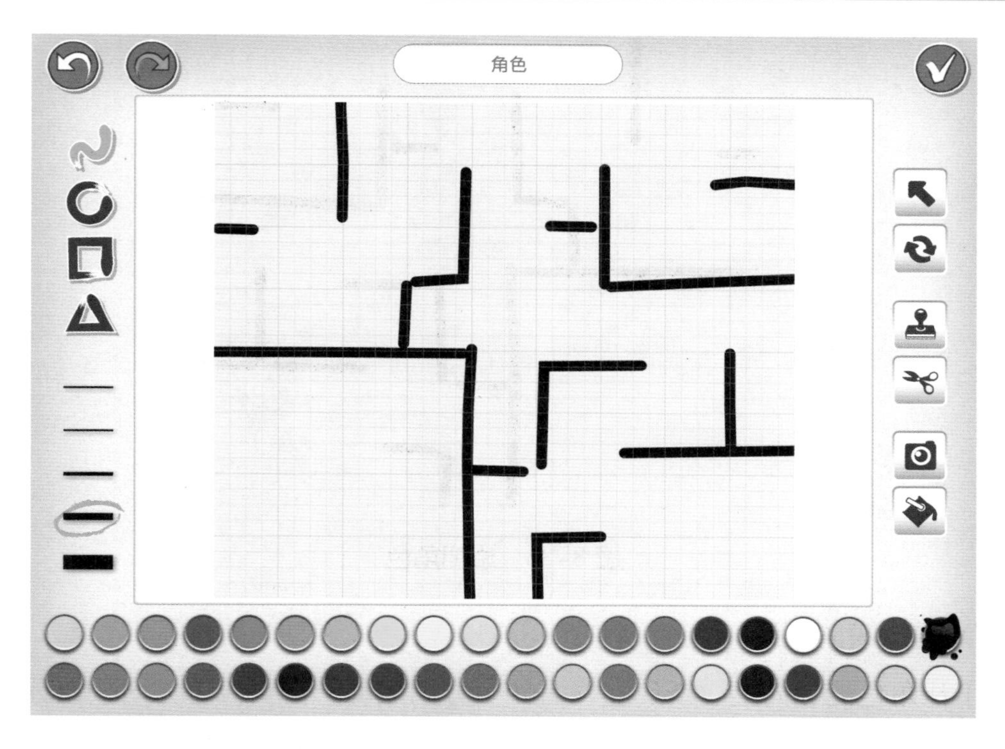

图 3-34 绘制迷宫

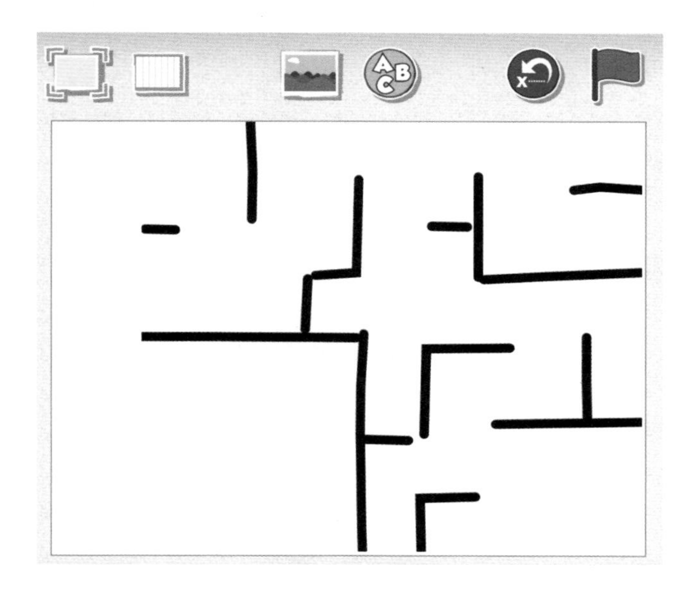

图 3-35 放大迷宫

然后添加 Tac 角色并将其放置在左上角，添加角色名称为“仙女”的角色作为精灵，将其放置在右下角，并适当调整两角色的大小，如图 3-36 所示。

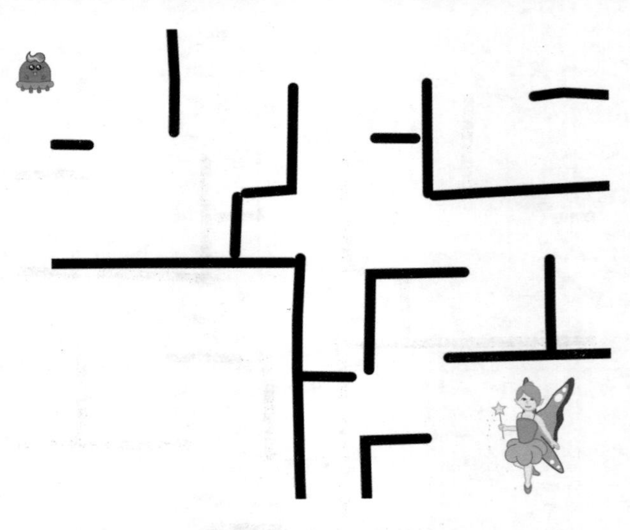

图 3-36　添加角色

2. 方向按钮的设计

为了让角色能够向上、下、左、右四个方向运动，需要四个方向按钮分别进行控制。我们可以自己绘制箭头形状的角色作为方向按钮，一个三角形加上一个长方形便成了最简单的箭头，图 3-37 中是一个向上的箭头。当然你也可以绘制你喜欢的图形作为方向按钮。

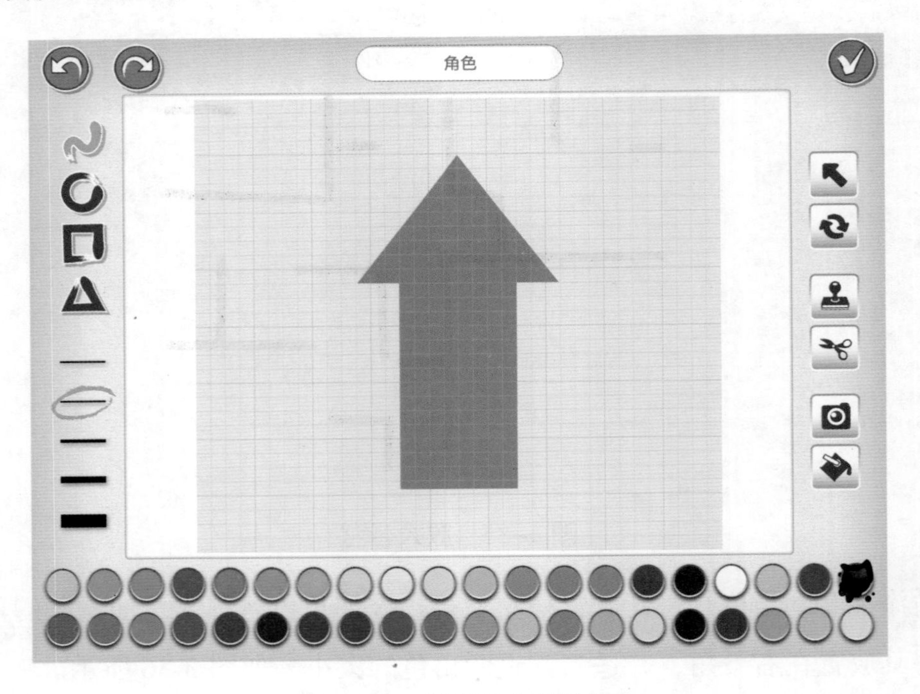

图 3-37　绘制向上的箭头

通过刚刚的绘制，我们获得了一个朝上的方向按钮，然后还需要另外三个方向的方向按钮。获得另外三个方向按钮的方法很多，你可以重新绘制朝右、朝下、朝左三个箭头，也可以通过修改朝上的箭头来获得。自己试一试吧。

试一试

通过自己的方法获得上、下、左、右四个方向的方向按钮。

这里给大家介绍一种通过编程来获得其余三个朝向方向按钮的方法。首先，我们再添加三个刚刚绘制的朝上的箭头角色，并放在如图 3-38 所示的位置。

现在舞台上一共有四个箭头，不过这四个箭头都是朝上的。我们需要有一个箭头朝右，怎样实现呢？我们可以使用向右旋转积木块来实现。向右旋转积木块的参数应该填多少呢？相信你一试便知。图 3-39 是朝右箭头的程序。

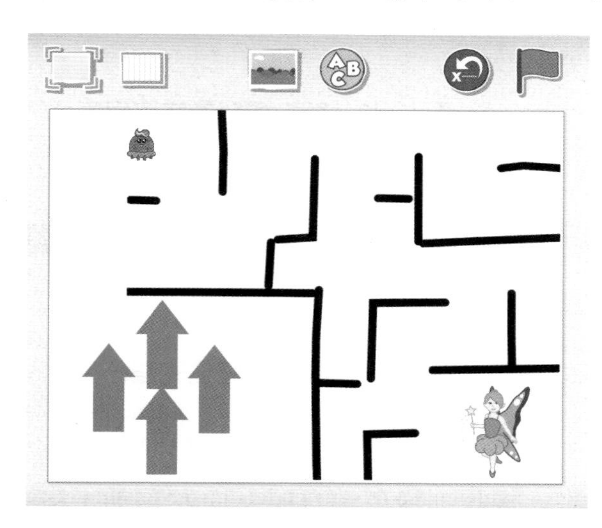

图 3–38　添加朝上的箭头

图 3–39　朝右箭头的程序

朝下箭头和朝左箭头的程序你会写了吗？朝下箭头的程序如图 3-40 所示，朝左箭头的程序如图 3-41 所示。

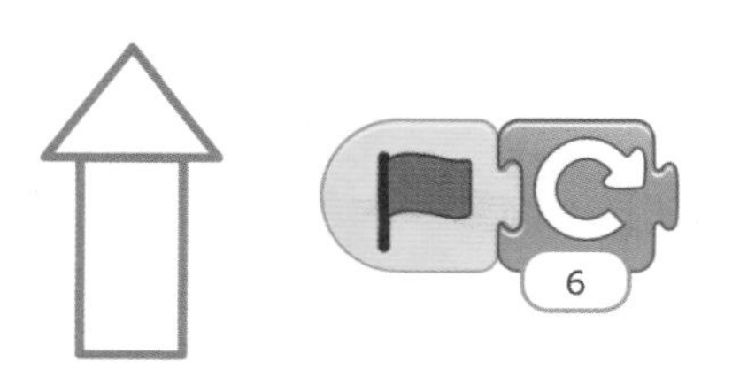

图 3–40　朝下箭头的程序

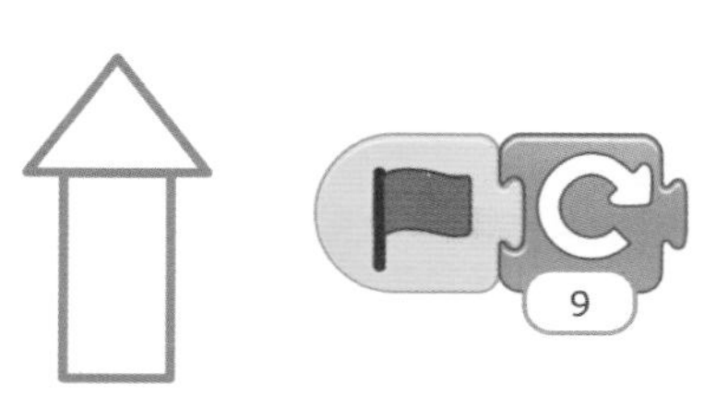

图 3–41　朝左箭头的程序

将四个箭头按图 3-38 所示放置在舞台的左下角，当单击绿旗执行程序时，箭头通过旋转形成了分别指向上、右、下、左四个方向的方向按钮。

3. 迷宫行走

要想通过单击方向按钮来控制角色的移动，还记得我们学过的方法吗？我们可以通过消息的传递来实现。在这里，当朝上按钮被单击时，发出橙色消息，完整程序如图 3-42 所示；当朝右按钮被单击时，发出红色消息，完整程序如图 3-43 所示；当朝下按钮被单击时，发出黄色消息，完整程序如图 3-44 所示；当朝左按钮被单击时，发出绿色消息，完整程序如图 3-45 所示。

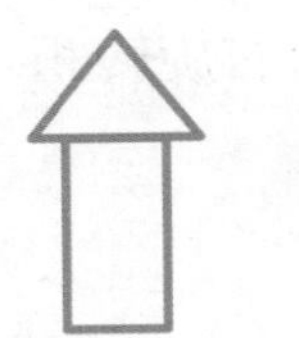

图 3-42　朝上按钮的完整程序

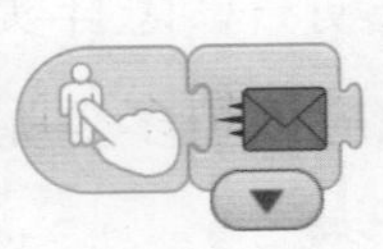

图 3-43　朝右按钮的完整程序

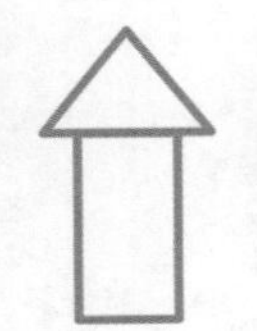
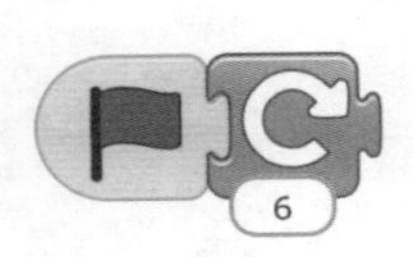

图 3-44　朝下按钮的完整程序

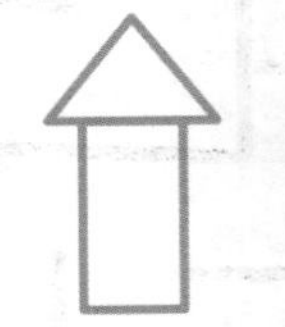

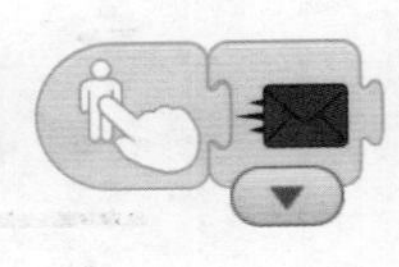

图 3-45　朝左按钮的完整程序

当角色 Tac 接收到橙色消息时，向上运动 1 格；接收到红色消息时，向右运动 1 格，接收到黄色消息时，向下运动 1 格，接收到绿色消息时，向左移动 1 格。对 Tac 的编程如图 3-46 所示。

图 3-46　Tac 的移动程序

当单击方向按钮时，果然能够让 Tac 按照我们期望的方向运动。不过，我们发现 Tac 全然不顾迷宫墙壁，穿墙而过，这完全不符合游戏规则。我们希望 Tac 碰到墙壁时要返回起始点。最后，在 Tac 顺利碰到精灵时要说“终于找到你啦！”，也就是说，Tac 在碰到不同的角色时，需要执行不同的程序，Tac 怎么辨别碰到的是什么角色呢？我们依然可以通过消息的传递来实现。

当迷宫的墙壁被碰到时，迷宫发出一条蓝色的消息，迷宫的程序如图 3-47 所示；当精灵被碰到时，精灵发出一条紫色的消息，精灵的程序如图 3-48 所示。

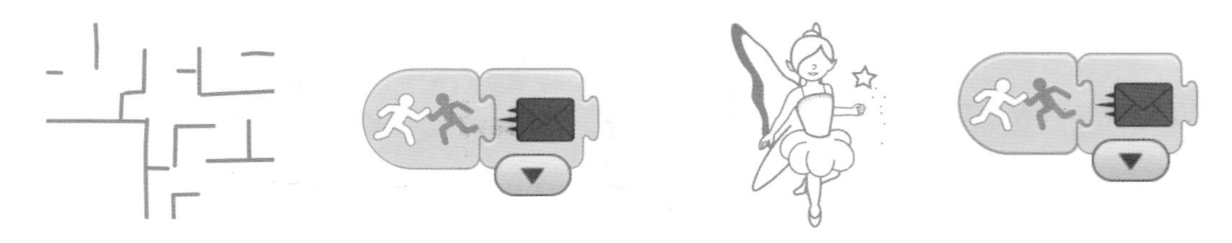

图 3-47　迷宫的程序　　　　图 3-48　精灵的程序

当 Tac 接收到蓝色消息，表示碰到迷宫墙壁，需要返回起点；当 Tac 接收到紫色消息，表示碰到精灵，说“终于找到你啦！”。我们继续完善 Tac 的程序，Tac 的完整程序如图 3-49 所示。

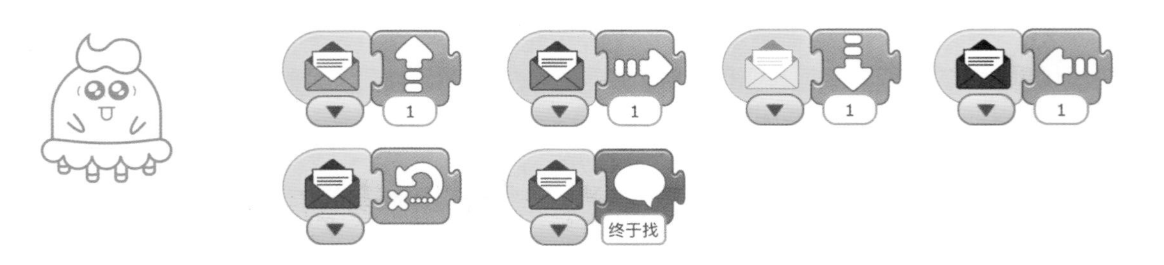

图 3-49　Tac 的完整程序

至此，“寻找精灵”游戏的设计与制作就完成了，自己玩一玩吧，你还可以找周围的小伙伴一起测试一下，也许他们能够对游戏提出一些改进意见。

回顾总结

通过本次的制作，我们再一次体会到消息传递的重要性，通过消息的传递，角色可以区分哪一个按钮被按下，通过消息的传递，角色还可以区分自己碰到的不同角色。

自主探究

这款游戏实际是有漏洞的，你和小伙伴们发现了吗？如果玩家不按照我们设计的路线行走，偏要不走寻常路，他可以通过如图 3-50 所示的路线快速到达精灵所在的位置,我们精心设计的迷宫便失去了意义。这个问题怎么解决呢？快研究研究吧！

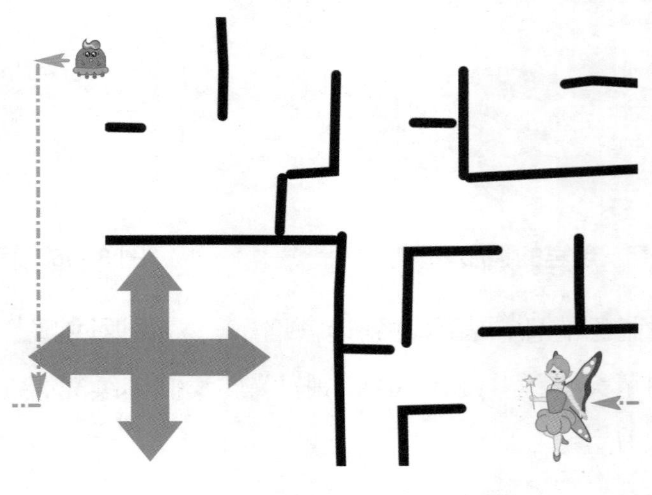

图 3–50　一种可能的行走路线

第5节　飞越沙漠

又是季节更替的时节，一只小鸟在迁徙的途中迷了路，不慎闯入了一片沙漠。

荒无人烟的沙漠里，生长着一种生命力极强的植物——仙人掌。这些仙人掌长得又高又大，随处可见，要是一不小心撞上去，后果不堪设想。

不知道小鸟的身手如何？它有能力飞越这片沙漠吗？

项目任务

制作游戏：小鸟在沙漠中飞行，单击一次小鸟可以让小鸟获得少量向上飞行的动力，否则小鸟将下坠。沙漠的地面与天空都生长着仙人掌，玩家需要通过单击小鸟使小鸟在飞行的过程中避免碰到这些仙人掌。

学习目标

在编程过程中，要实现期望的效果，需要反复试验与改进。

程序设计

1. 场景设计

我们选择沙漠作为舞台背景，添加小鸟角色并将小鸟放置在舞台左侧的中央，如图 3-51 所示。

图 3-51　添加角色与背景

根据游戏剧情中“沙漠的地面与天空长着仙人掌”这一虚构场景，我们需要添加仙人掌角色。我们发现，添加的仙人掌向上生长，适合作为生长在地面上的仙人掌。天空的仙人掌若是朝下生长，营造的效果会更加奇幻。那么怎样才能让仙人掌朝下生长呢？

我们可以在添加角色时对仙人掌进行修改，使用旋转工具将其旋转即可。然后，将旋转之后的仙人掌放置在天空。当然，你还可以对两个仙人掌角色的大小进行适当调整。放置好的仙人掌如图 3-52 所示。

图 3–52　放置好的仙人掌

由于小鸟一直在飞行，为了实现小鸟向前飞行的效果，除了让小鸟在舞台上移动之外，我们还有另外一种方法——小鸟不动景物移动，这种方法在我们设计“深夜骑行”游戏时用过，相信你不会陌生。这里，我们采用“小鸟不动景物移动”的方法，让天空和地面的仙人掌移动起来，形成小鸟向前飞行的效果。我们对两个仙人掌编写的程序如图 3-53 和图 3-54 所示。

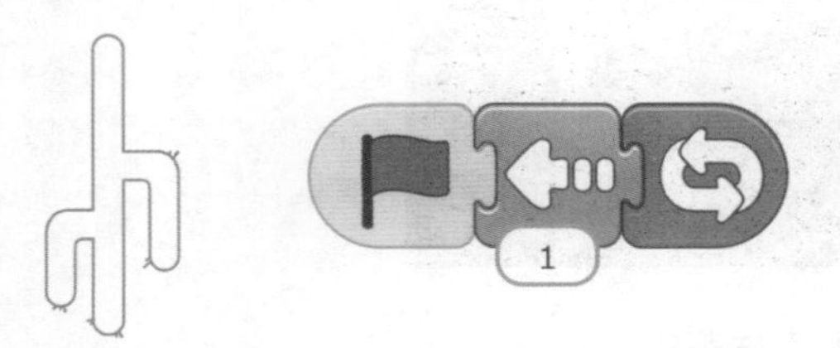

图 3–53　天空仙人掌的程序

图 3–54　地面仙人掌的程序

为了增加游戏的难度，避免仙人掌的移动规律太过简单，我们可以将天空仙人掌的移动速度设置为最慢，将地面仙人掌的移动速度设置为最快。

这样，游戏场景我们就完成了。当然，也可以根据自己的想法进一步对场景进行丰富。

2. 飞行的小鸟

小鸟是通过单击进行操控的，我们一起来研究一下操控小鸟的程序如何编写吧！

当小鸟没有被单击时，小鸟会持续下落，小鸟持续下落的程序该如何编写呢？是如图 3-55 所示这样吗？

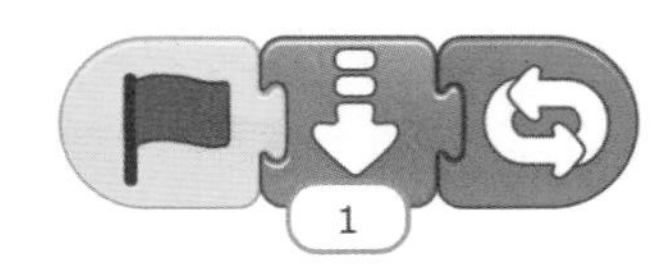

图 3-55 小鸟下降程序

当小鸟被单击时，小鸟获得些许动力上升一段距离，我们让小鸟上升 2 格，继续为小鸟编程，如图 3-56 所示。

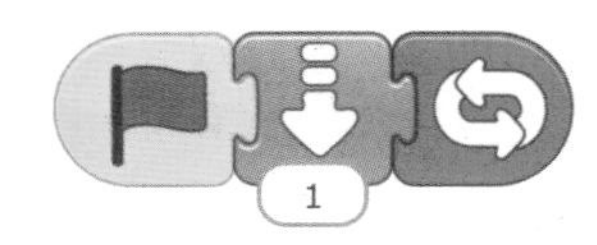

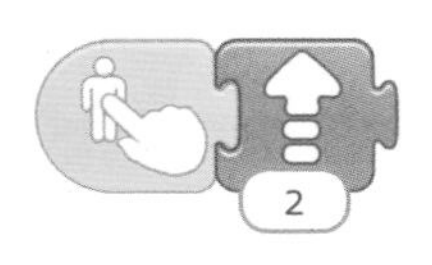

图 3-56 单击小鸟上升程序

单击绿旗执行程序，测试一下能否实现每单击一下小鸟，小鸟上升一段距离，然后持续下落。经过测试我们发现效果并不好，这是为什么呢？仔细分析程序我们不难发现，单击角色时角色上升，而角色下降的程序依然在同时执行，所以小鸟上升得并不明显。怎样改进程序呢？为了避免小鸟上升与下降的程序同时执行，当小鸟被单击时，我们先停止其他正在执行的程序，再执行上升程序积木块，这样便不会同时执行上升与下降程序了。修改后小鸟的程序如图 3-57 所示。

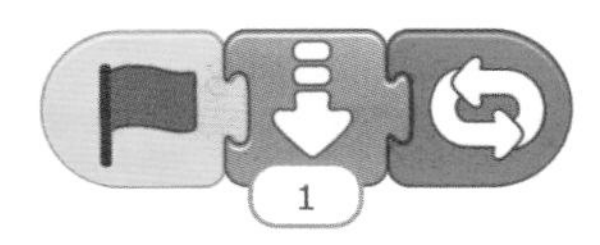

图 3-57 加入停止程序

单击绿旗测试，我们发现小鸟持续下坠，单击小鸟角色，小鸟明显上升，不过上升一段距离之后小鸟维持在稳定高度，不再下降。这是怎么回事呢？检查程序后我们发现，当单击小鸟角色之后，小鸟下降的程序被立即停止了，当小鸟上升一段距离后，下降的程序依然处于停止状态。

想要在执行完小鸟的上升程序之后继续执行下降程序，可以通过消息传递来实现。我们让小鸟上升程序结束之后发送一条橙色的消息，当接收到橙色消息时，表示需要持续下降了，小鸟执行持续下降程序。改进后的小鸟程序如图 3-58 所示。

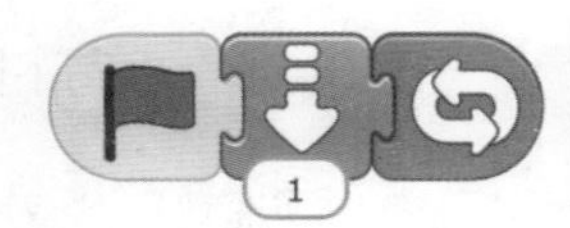

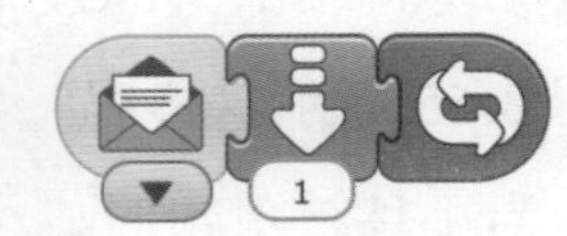

图 3–58　改进后的小鸟程序

测试程序，这次终于获得了我们所期望的效果。

3. 如果失败

如果玩家一不小心让小鸟碰到仙人掌，就意味着游戏失败，小鸟角色将会消失。程序实现起来似乎很简单，为小鸟增加图 3-59 所示的程序可以吗？

经过多番测试，小鸟在碰到仙人掌时几乎不会隐藏。这是因为图 3-59 所示的程序也被停止程序停止了。还有其他的解决办法吗？

其实可以让仙人掌来检测碰撞，如果检测到碰撞，通过发送红色的消息告诉小鸟。两个仙人掌角色的程序相同，如图 3-60 所示。

图 3–59　隐藏程序

图 3–60　仙人掌的程序

当小鸟接收到红色消息时隐藏。小鸟的完整程序如图 3-61 所示。

到这里，“飞越沙漠”游戏便制作完成了。

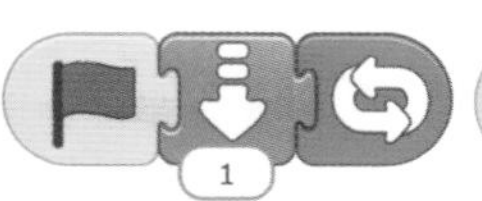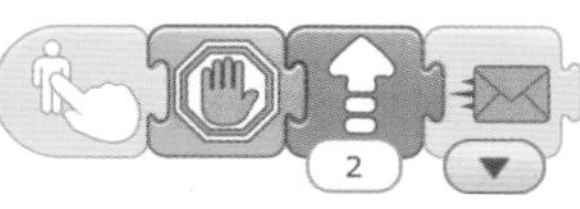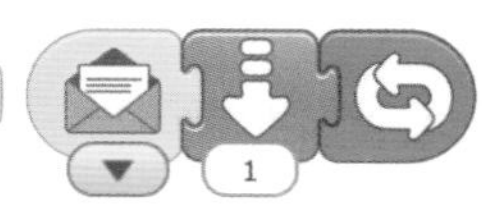

图 3-61　小鸟的完整程序

回顾总结

通过本次制作应该能够深刻感受到，我们在设计程序时并不是一气呵成的，而是需要不断地测试与改进来完善的。

自主探究

这款游戏中我们设计了失败的规则并已经通过编程实现。那么成功的规则是什么呢？请自己设计一条游戏成功的规则并通过编程实现。

第6节　飞机大战

沙漠的宁静被战斗机的轰鸣声打破，防空雷达检测到有数架敌机入侵！

为了保卫家园，我们派出了最优秀的飞行员，驾驶着最先进的战斗机，向沙漠上空飞去。一场大战在所难免！

项目任务

制作游戏：飞机通过发射导弹拦截迎面而来的敌机。导弹发射之后可以通过按钮控制飞行高度，只为精确命中敌机。敌机被击中后隐藏消失。

学习目标

- 掌握通过按钮来控制角色移动的方法。
- 掌握通过编程模拟子弹或导弹发射的方法。

程序设计

1. 背景与角色

我们选择沙漠作为空战的舞台背景，添加名称为“飞行员”的角色作为我军的飞机，添加“火箭”角色作为飞机所发射的导弹。我们还需要添加敌军的飞机。为了与我军飞机区分，我们添加角色时对角色的颜色做一些更改。

此外，根据游戏规则，我们还需要添加导弹发射按钮以及上下移动按钮。导弹发射按钮当然是用来发射导弹的，上下移动按钮用来控制导弹的飞行高度。这里，我们直接选择了太阳角色用来充当导弹发射按钮，然后绘制一个朝上的箭头与一个朝下的箭头来控制导弹的飞行高度。最后适当调整各角色的大小和位置。各角色在舞台上的位置如图 3-62 所示，其中导弹在我军飞机的下一层。

2. 发射导弹

单击发射按钮时，我们让发射按钮这一角色发送一条橙色的消息，编程如图 3-63 所示。

导弹接收到橙色消息时，向右运动飞向敌机。由于导弹初始朝向为向上，所以需要先向右旋转再移动。我们让导弹的射程为 15 格，也就是导弹在水平方向可以飞行的最远距离是 15 格，程序如图 3-64 所示。

图 3-62 添加角色和背景

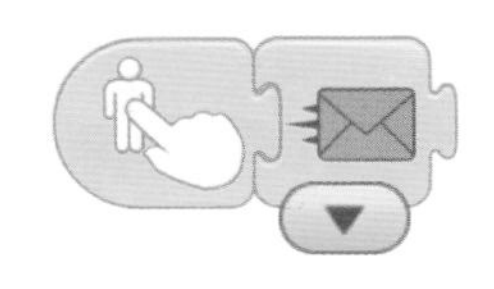

图 3-63 发射按钮的程序

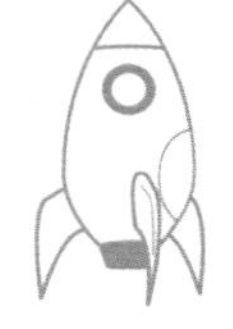

图 3-64 导弹右移程序

我们单击发射按钮测试一下，第一次单击没有问题，导弹朝右发射了出去，可是之后我们每单击一次发射按钮，导弹都会在上一次到达的位置旋转一个角度后继续出发，有时更会产生导弹向右飞行而导弹的顶端朝向下方的情景，如图 3-65 所示，这绝对不是我们想要的。

图 3-65 导弹顶端朝下

怎么解决这个问题呢？我们需要导弹在每次发射出去之前都要恢复到初始位置，改进导弹的程序如图 3-66 所示。

再次单击发射按钮测试程序，导弹顺利发射出去，可是问题又来了，导弹发射出去之后到达射程极限时竟然悬在空中。所以我们让它到达极限时立即返回初始位置。继续改进导弹的程序如图 3-67 所示。

图 3-66 导弹加入恢复初始位置程序

图 3-67 导弹飞行程序

现在导弹可以正常发射了，下一步我们还要实现导弹的飞行控制，当单击朝上按钮时火箭上移一格，当单击朝下按钮时火箭下移一格。我们让朝上按钮被单击时发送红色消息，朝下按钮被单击时发送黄色消息。对朝上按钮编程如图 3-68 所示，对朝下按钮编程如图 3-69 所示。

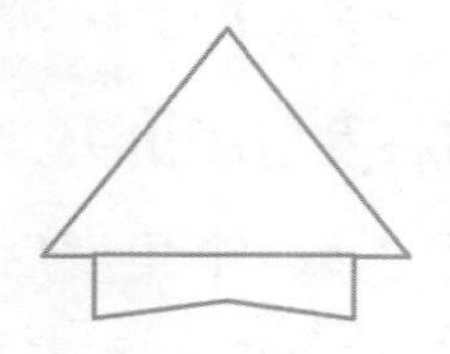
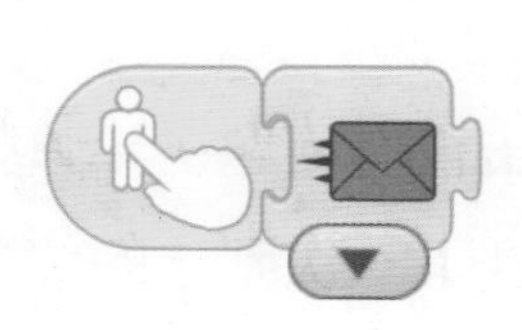

图 3-68 朝上按钮的程序

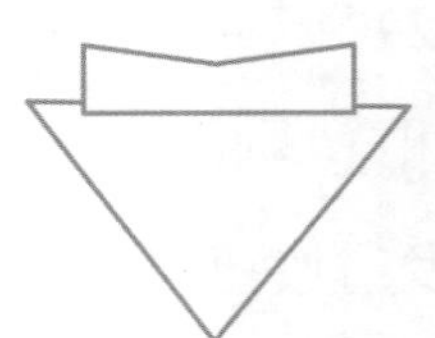

图 3-69 朝下按钮的程序

当火箭在飞行过程中接收到红色消息时上移一格，当火箭在飞行过程中接收到黄色消息时下移一格。我们继续对火箭进行编程，如图 3-70 所示。

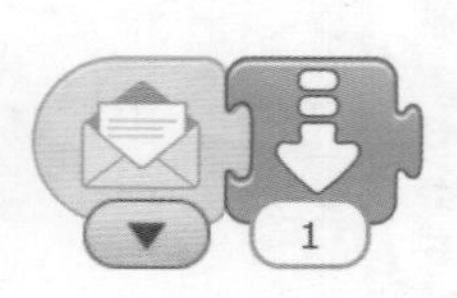

图 3-70 改进后的火箭程序

继续测试程序，单击发射按钮导弹成功发射，单击朝上、朝下按钮可以调整导弹飞行高度。经过多次测试，我们又发现了导弹发射过程中的问题，如果玩家误操作，在发射之前单击了朝上朝下按钮，导弹没有发射便可以上下移动。这个问题该怎么解决呢？

这里，我为大家提供的方法是，在导弹发射之前先将其隐藏。我们为导弹添加隐藏程序，如图 3-71 所示，单击绿旗开始游戏时，导弹是处于隐藏状态的。

图 3-71 先将导弹隐藏

通过进一步测试，我们发现单击绿旗开始游戏时，直接按朝上朝下按钮已经看不见导弹上下移动了，但导弹发射出去一次之后，问题依然存在。经过思考我们可以通过隐藏导弹的办法来解决这个问题。我们让导弹发射完毕回到初始位置之后隐藏起来，在按下发射按钮后再显示出来，修改后的导弹程序如图 3-72 所示。

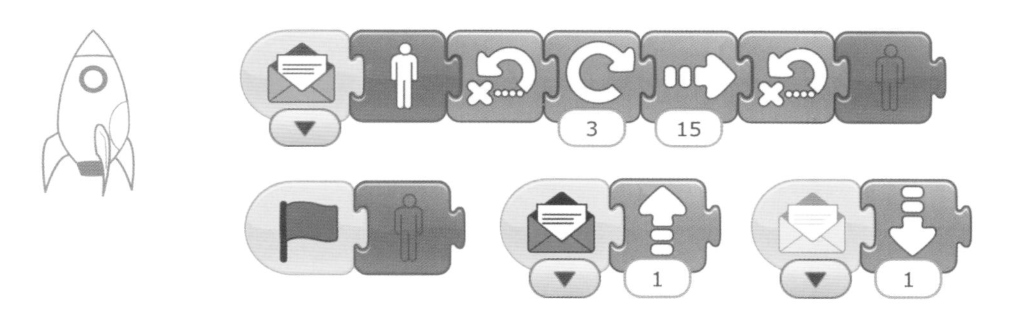

图 3-72 导弹的完整程序

我们让导弹以最快的速度飞行。测试后发现导弹的表现相当理想。

3. 迎面而来的敌机

一切准备就绪之后，我们便不惧敌机来袭了。

我们为敌机编写向左飞行的程序，敌机被导弹击中之后立即隐藏，稍等一段时间返回初始位置再次来袭，这样便形成敌机数量巨大的效果。我们为两架敌机编写相同的程序，如图 3-73 所示，还可以将两架敌机的飞行速度调整得不一致。

敌机来袭，准备战斗吧！

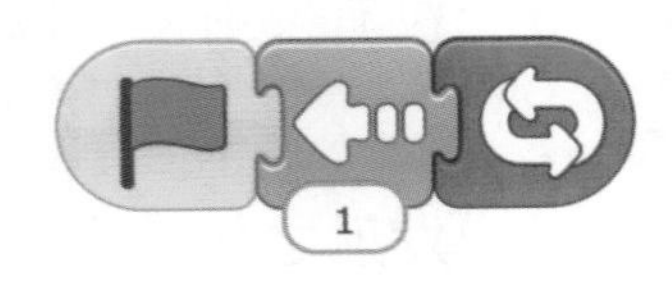

图 3-73 敌机的程序

回顾总结

在本次制作中，我们能够进一步体会程序设计中反复测试与改进的重要性。

自主探究

对这款游戏进一步完善，设计出游戏失败与游戏成功的规则，并通过编程实现。

第 4 章 从ScratchJr到Scratch

学了 ScratchJr，接下来我们可以学习什么呢？ Scratch 是个不错的选择。

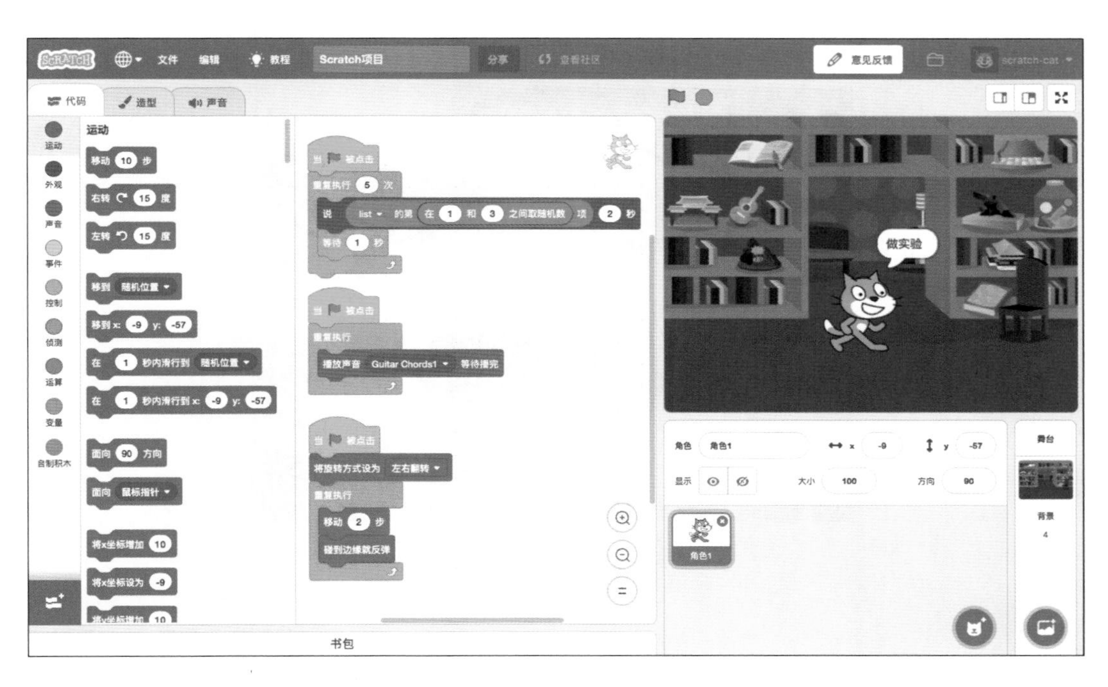

第1节　强大的Scratch

ScratchJr 是适合儿童启蒙的编程软件，如果想进一步学习编程，可以学习 Scratch。

Scratch 作品案例

Scratch 同样是一款图形化的编程软件，使用 Scratch 可以制作数字游戏、绘画、音乐，甚至解决数学问题等。图 4-1~ 图 4-5 是通过 Scratch 编程制作的作品。

图 4–1　数字游戏

图 4–2　随机绘制的花朵

图 4–3　体感游戏

图 4-4　音乐作品

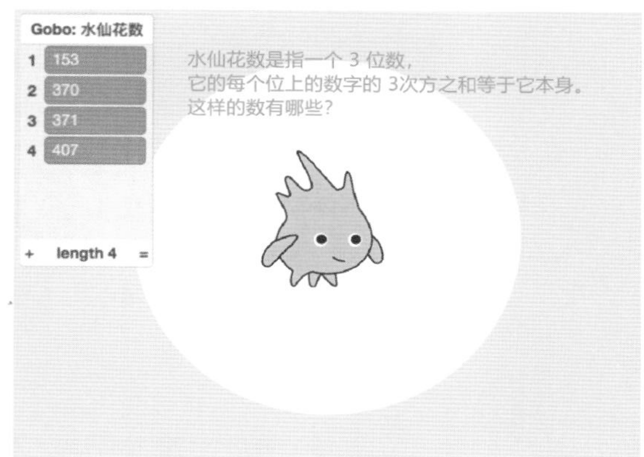

图 4-5　解决数学问题

最新版的 Scratch 3.0 还可以对 micro:bit、lego Mind storm、lego wedo 等硬件进行编程，如图 4-6 所示。

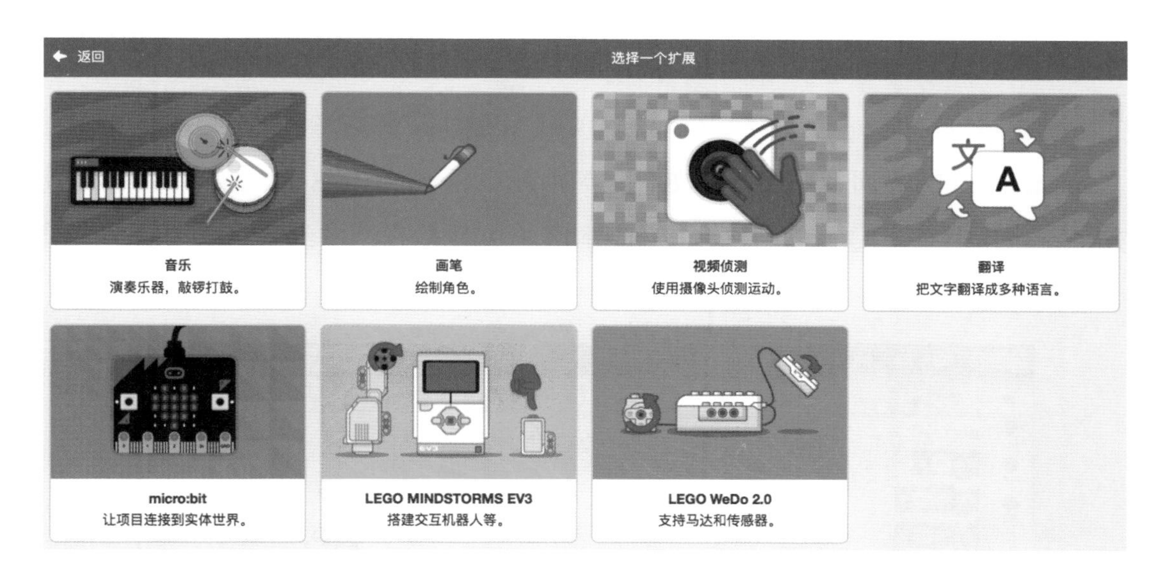

图 4-6　Scratch 3.0 支持对硬件编程

探索 Scratch 官方网站

Scratch 官方网站地址是 https://scratch.mit.edu，世界各地的 Scratch 爱好者在这里分享交流自己的 Scratch 作品。

进入官方网站，如图 4-7 所示，欣赏一下网站上分享的好作品吧。

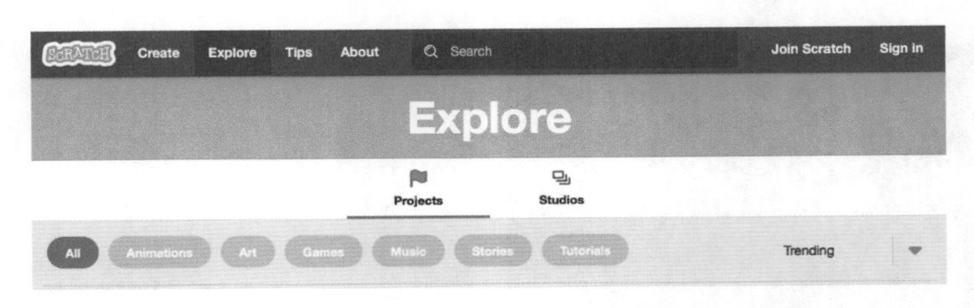

图 4–7　Scratch 官方网站

第2节　在Scratch中编程

我们可以在 Scratch 的官方网站上（https://scratch.mit.edu）进行在线编程。

界面介绍

Scratch 3.0 的界面及主要分区如图 4-8 所示。Scratch 与 ScratchJr 有一些相似的地方，Scratch 中有我们熟悉的舞台区、脚本区（也就是我们的编程区）、积木块区等。

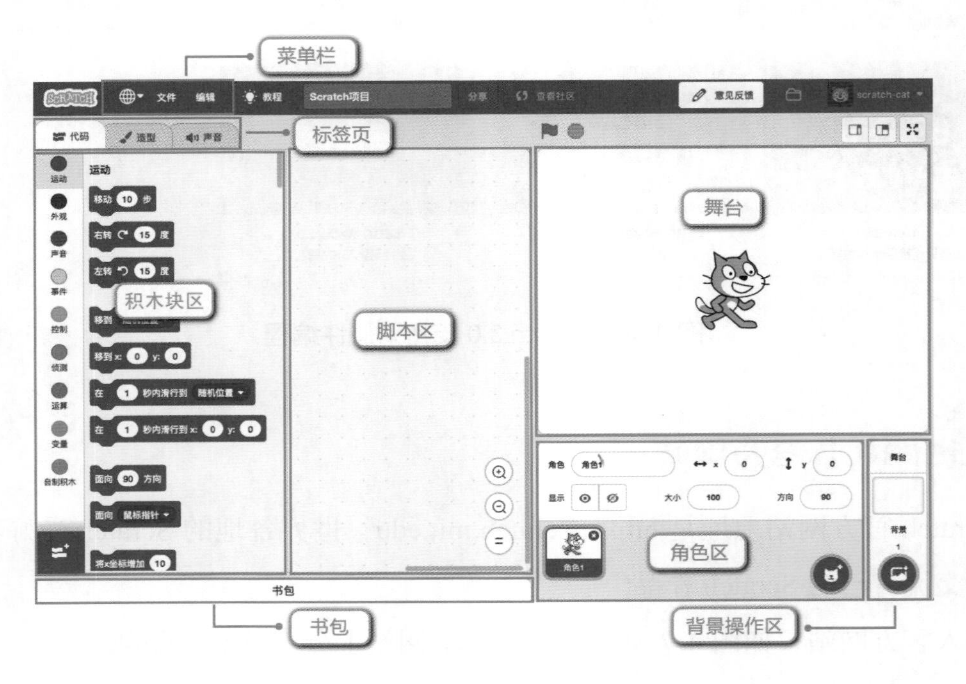

图 4–8　Scratch 3.0 界面

菜单栏：主要与文件有关的功能选项。

舞台：就如同演员演戏的地方，也就是作品最后呈现出来的地方。

舞台操作区：可以修改舞台背景。

角色区：所有的角色都会呈现在此区域。

标签页：可以选择编写脚本、更改角色造型或舞台背景、操作声音。

积木块区：编程积木块陈列的地方。

脚本区：利用拖曳、拼接程序积木块的方式在此编写程序脚本。

书包：用于在不同项目中复制角色、造型、脚本等。

我们通过一个案例来感受一下在 Scratch 中创造的过程吧。

项目任务

我们要在 Scratch 编程中实现让小猫在舞台上来回走动的效果，通过这一案例让小朋友们感受 Scratch 编程的魅力。

程序设计

1. 小猫动起来

想让小猫动起来，需要对小猫编写程序，在 Scratch 中称之为脚本。我们在动作类积木块中找到 移动 10 步 ，将它拖到脚本区。我们单击一下这块程序积木块，小猫往前移动了一些，这一段距离就是 Scratch 中 10 步的距离，这便是 移动 10 步 执行的效果。再单击一次，小猫再往前移动一些。可是，怎样才能让它一直往前走呢？

2. 一直走下去

你是否想起了 ScratchJr 中的无限循环积木块呢？在 Scratch 中也有这样一块功能相同的积木块，名字叫作重复执行。我们在控制类积木块中找到 重复执行 ，拖到脚本区，我们要让小猫重复做一件什么事情呢？那就是移动 10 步。我们将 移动 10 步 拖到重复执行中，就如同拼积木块一样拼接好。

一段程序脚本需要有一个开始执行的标志，在 Scratch 中最常用的程序开始标志是绿旗，我们在事件类积木块中找到 当 🏴 被单击 ，将它拼接到程序的起始位置，如

图 4-9 所示。这意味着“当绿旗被单击”这个事件发生时，就会执行绿旗积木块下面的程序。

图 4-9　角色移动程序

单击一下舞台上方的绿旗，小猫立刻向前动起来了，淘气的小猫竟然一直移到舞台的边缘。虽然可以将小猫拖回舞台中央，可是只要一松开鼠标，它又会冲到舞台边缘。怎样才能让它停下来呢？在舞台上方靠近绿旗的位置有一个红色的八边形按钮，我们单击红色按钮。怎么样？小猫乖乖待在原地不动了。

3. 行走动作

小猫虽然可爱可是行走的样子实在太呆板了，手脚根本就没有丝毫动作。

我们一起来看看如何解决这个问题。单击“造型”标签页，这里面能看到这个角色有两个造型，如图 4-10 所示，这就相当于这个角色可以做出两个动作。交替单击“造型 1”和“造型 2”，我们发现小猫确实在动作上有一些变化，就如同真的走了起来。当然，刚刚所做的交替单击切换造型这样的事情完全可以由程序来帮助我们完成。

图 4-10　角色的造型标签页

单击“脚本”标签页，编写程序脚本切换造型。角色的造型属于外观的范畴，我们在外观类积木块中找到下一个造型，拖到脚本区，单击一下，再单击一下，你会发现这个积木块可以让角色在“造型 1”与“造型 2”之间来回切换。

怎样让角色的造型能够来回自动切换呢？也许你已经想到了，我们需要使用“重复执行”积木块，如图 4-11 所示。

单击绿旗试一试，我们发现小猫的双脚快速移动，完全不是在走动，倒像奔跑的动作。能不能让小猫的双脚运动慢一点？当然可以，只需要每切换一个造型等待一会儿。我们在控制类积木块中找到等待 1 秒拼接在下一个造型下方，如图 4-12 所示，这样每切换一次造型，都会等待 1 秒钟。

慢是慢下来了，不过小猫走路的动作显得非常迟缓，与运动速度不协调。我们可以更改切换造型等待的时间，同时可以更改移动的速度，让小猫的动作更加自然协调，更改之后的程序如图 4-13 所示。

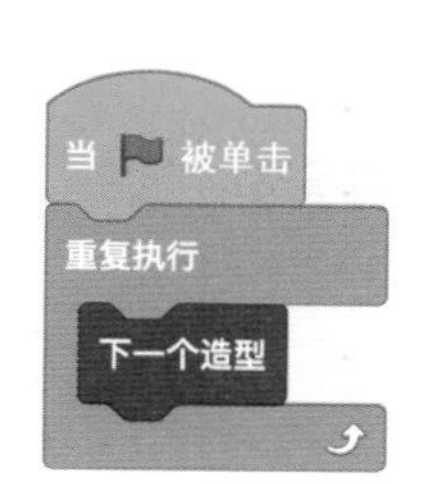

图 4-11　造型切换程序

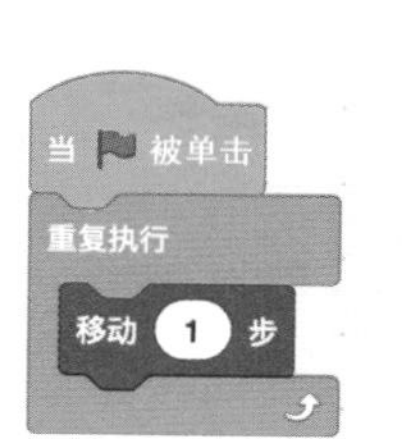

图 4-12　造型切换程序

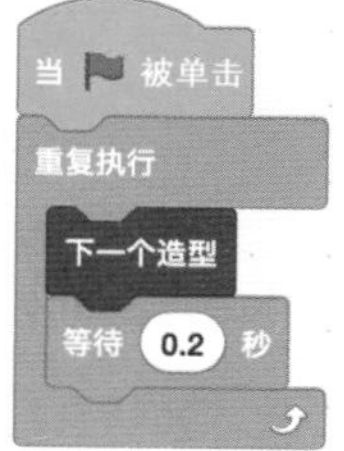

图 4-13　角色行走程序

4. 来回散步

我们总是担心小猫跑到舞台外面去，每次都要把它从舞台边缘拉回来，要是它不那么调皮，在舞台上乖乖地来回走动该多好。

在 Scratch 中，这可不是什么难事！我们在动作类积木块中找到碰到边缘就反弹，从积木块的名字就可以猜到，它可以让小猫一碰到边缘就弹回去。我们把它拼接到移动积木块的后面，如图 4-14 所示，这样小猫每移动 1 步，都要看一看是否碰到了舞台边缘，一碰到就会被弹回去。哈哈，这样说似乎有点夸张，不过也很形象。

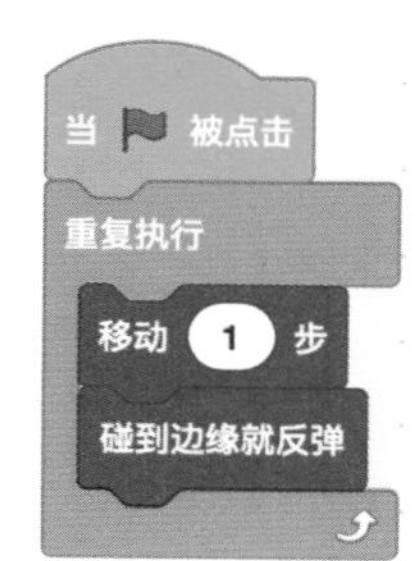

图 4-14　角色在舞台中来回移动程序

不试不知道，一试吓一跳！小猫碰到边缘之后竟然倒着往回走，如图 4-15 所示，这究竟是怎么回事呢？

为什么角色在碰到边缘后会发生倒转呢？因为，在默认状态下角色是可以任意旋转的。我们可以通过编程来更改角色的旋转方式。我们在动作类积木块中找到 将旋转方式设为 左右翻转，单击绿旗时先通过程序设置好旋转方式。小猫移动程序如图 4-16 所示。

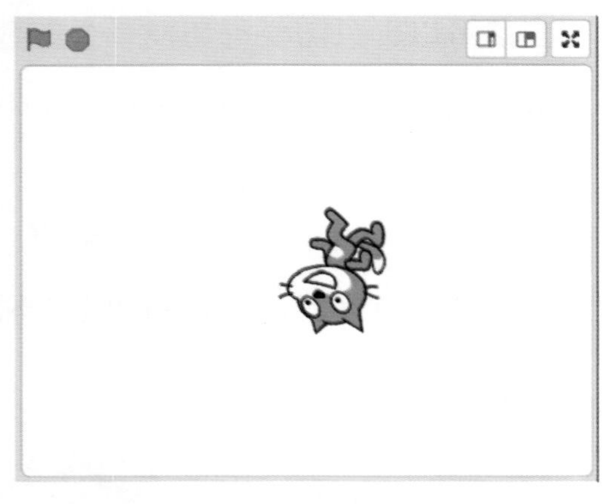

图 4-15　角色发生倒转

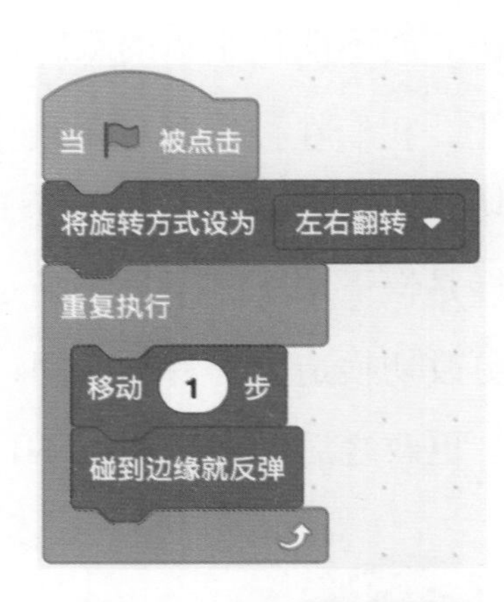

图 4-16　小猫移动程序

单击绿旗，一只在舞台上悠然散步的小猫便实现了。

5. 美化舞台

我们还可以将舞台背景进行美化。我们在背景控制区单击“选择一个背景”，如图 4-17 所示。

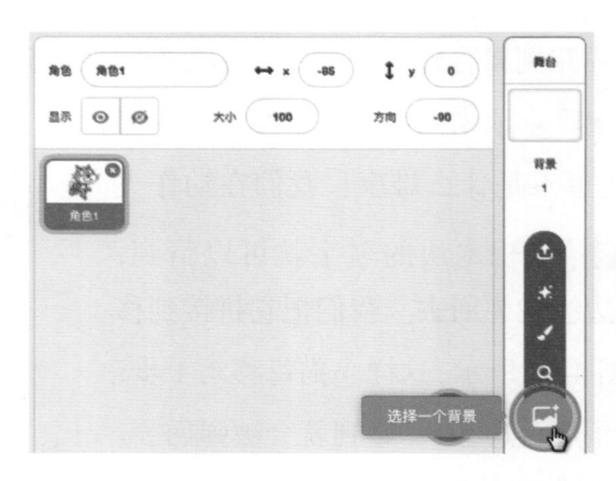

图 4-17　单击“选择一个背景”

Scratch 中为我们提供了丰富的背景素材，这里选择了一张 Jurassic 作为舞台背景，如图 4-18 所示。当然，在 Scratch 中还可以通过绘制、上传、拍照等方式新建背景。

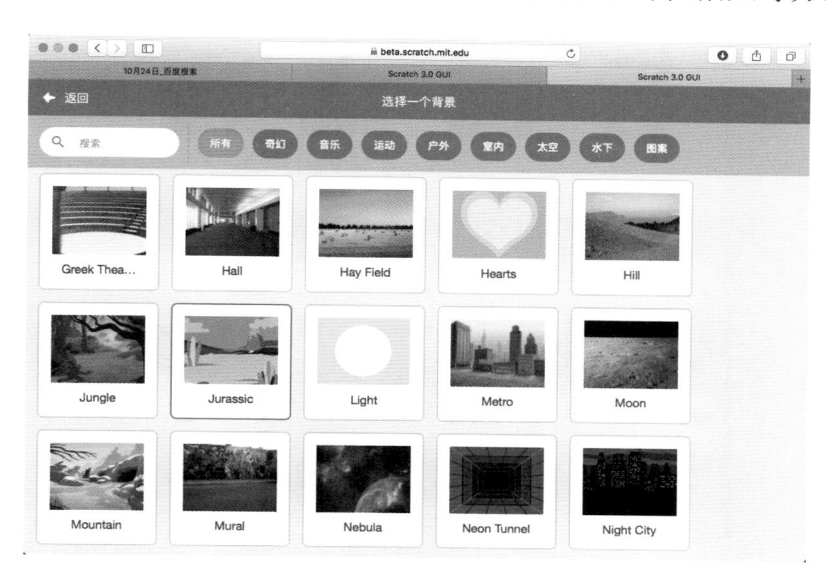

图 4–18　选择背景

把小猫拖到合适的位置，单击绿旗，我们就可以看到小猫在火山公园散步的场景了，如图 4-19 所示。

图 4–19　最终效果

一起感受了在 Scratch 中编程的过程，Scratch 有趣的编程方式和强大的功能有没有激发你学习与创造的欲望呢？ Scratch 编程的世界妙趣无穷，继续学习、大胆创造吧！

附录 1
界面指南

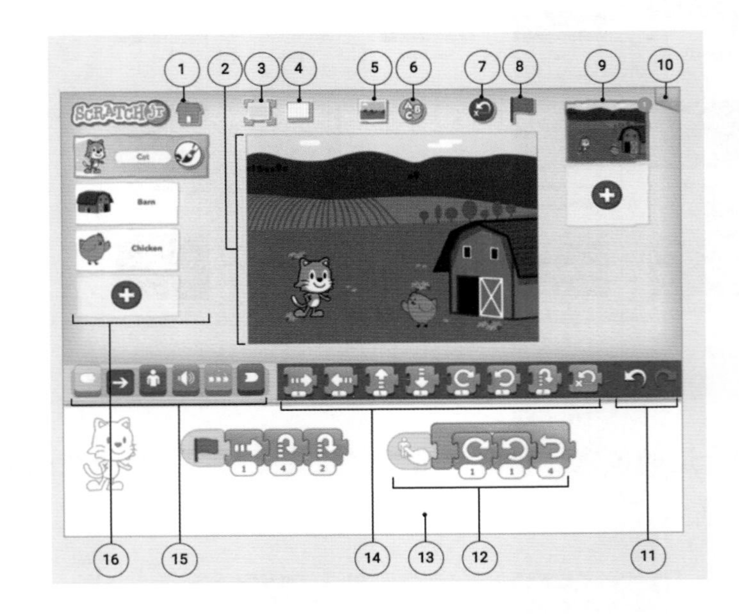

1. 保存

保存当前的项目并返回主页。

2. 舞台

这里是项目角色们表演的地方，要删除舞台上的角色，可以按住角色不放，会出现删除的图示按钮。

3. 全屏模式

将舞台放大成全屏模式。

4. 网格模式

单击可以显示或隐藏坐标的网格。

5. 变更背景

选择或是绘制一张图作为舞台的背景。

6. 添加文字

在舞台上输入文字内容。

7. 重设角色

重设所有角色，让他们回到原来在舞台中的位置。（如果要设定角色的原始位置，可以直接拖动角色。）

8. 绿旗

启动所有以“单击绿旗时开始”积木块开始的程序。

9. 页面

选取项目中的页面，或是单击加号图示来添加新的页面。每个页面有各自的角色、背景设置。若要调整页面顺序，可以拖动页面重新排列位置。

10. 项目信息

更改项目的名称，查看项目建立的时间或分享项目。

11. 撤销和重做

如果做错了，可以单击撤销回到上一步。若要再做一次可以单击重做按钮。

12. 程序积木块

将积木块贴在一起组合成一个积木块堆，我们把它称作程序。通过程序可以告诉角色做什么事情。单击积木块可以执行这个程序。若要删除一个积木块或是程序，只要把它们拖到编程工作区以外的区域就可以了。若要把一个程序从一个角色复制到另一个角色，可以直接将程序拖放到另一个角色的缩略图上。

13. 编程工作区

这里是组合积木块执行程序的地方，程序可以告诉角色要做的事情。

14. 积木块面板

这个菜单显示可用积木块。把要使用的积木块拖到编程工作区，然后单击积木块可以看到他们的作用。

15. 积木块分类

这里将所有程序积木块按照用途分类，可分为：触发（黄色）、动作（蓝色）、外观（紫色）、音效（绿色）、控制（橙色）、结束（红色）。

16. 角色

选择项目中使用的角色。单击加号可以添加角色。当角色被选中，可以编写它的程序；单击名称可以为角色重新命名；单击笔刷可以编辑角色图片。若要删除角色，按住角色会出现删除按钮。若要复制角色到其他页面，只要将它拖到其他页面的缩略图中即可。

附录 2 绘图编辑器指南

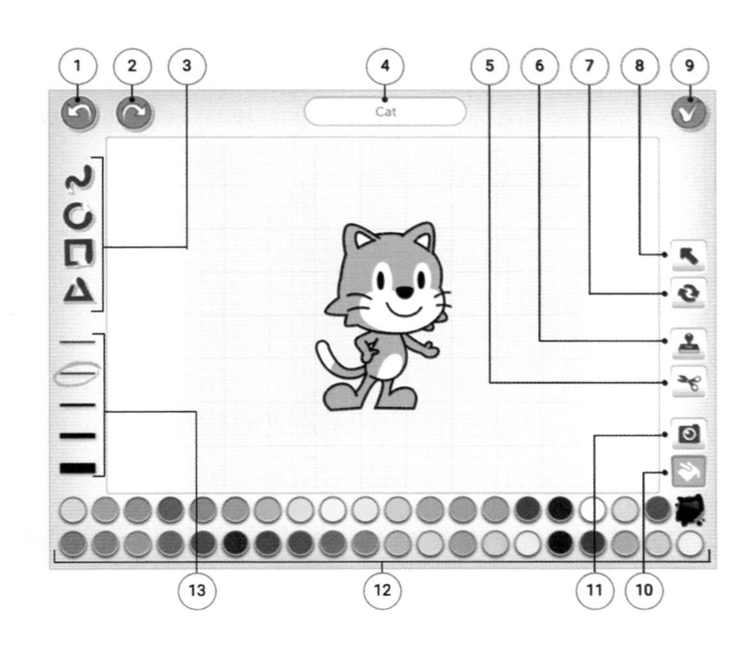

1. 撤销

若是做错了，可以利用这个工具撤销最近的操作。

2. 重做

若是撤销错了，可以利用这个工具重做最近撤销的操作。

3. 形状

选择要绘制的形状，包括线、圆形、方形和三角形。

4. 角色名称

显示角色的名称，单击可以修改。

5. 剪切

用来剪下指定的图案。在单击剪切工具后，可以单击角色或是形状，将它们从画布中移除。

6. 复制

用来复制指定的图案。在单击复制工具后，可以接着单击角色或形状，将它们复制并贴在画布上。

7. 旋转

在单击旋转工具后，可以旋转画布上的角色或形状。

8. 拖动

单击拖动工具后，可以拖动画布上的角色或形状到想要的位置。如果选择的是形状，还可以拖动出现的小圆点来修改形状。

9. 保存

保存变更并离开绘图编辑器。

10. 填充

在单击填充工具后，可以将角色的某个区域或形状填满指定的颜色。

11. 照相机

在单击照相机工具后可以单击角色的某个区域或形状，接着再单击照相机按钮，就可以把相片内容填充到这个区域中了。

12. 颜色

选择绘制线条或是填充形状所要使用的颜色。

13. 线条粗细

变更绘制时线条的粗细。

附录 3
积木块指南

触发积木块

单击绿旗时开始

在最前面添加此积木块，当单击绿旗的时候，后面的程序就会开始执行。

单击角色时开始

在最前面添加此积木块，当单击角色的时候，后面的程序就会开始执行。

触碰其他角色时开始

在最前面添加此积木块，当碰到另一个角色的时候，后面的程序就会开始执行。

收到消息时开始

当接收到指定颜色的消息时，开始执行后面的程序。

发送消息

发送指定颜色的消息。

动作积木块

往右走

让角色向右移动，可指定移动的格数。

往左走

让角色向左移动，可指定移动的格数。

往上走

让角色向上移动，可指定移动的格数。

往下走

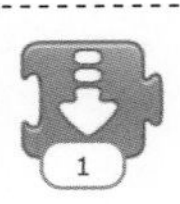

让角色向下移动，可指定移动的格数。

向右转

顺时针旋转一个角色，可以指定旋转的角度，数字为 1~12，像时钟上的时针一样，12 表示转一圈。

向左转

逆时针旋转一个角色，可以指定旋转的角度，数字为 1~12，像时钟上的时针一样，12 表示转一圈。

跳跃

让角色跳起来，可以指定跳起来的格数。

回家

角色在移动后，可以用这个积木块让它回到原来的位置。(如果要设定角色的原始位置，可以直接拖动角色。)

外观积木块

说话

在角色上方显示指定的内容，像漫画上的泡泡话框一样。

放大

增大角色的显示尺寸，让角色变得比原来大。

缩小

减小角色的显示尺寸，让角色变得比原来小。

重设大小

重设角色的显示尺寸，把角色变回原来的大小。

隐藏

让在屏幕上的角色消失不见。

显示

让消失的角色出现在屏幕上。

音效积木块

Pop

播放 Pop 音效。

播放录音

播放所录制的声音或音乐。

控制积木块

等待

让角色暂时停下来等待一段时间 (单位是 1/10 秒)。

停止

停止执行所有角色上的程序。

设定速度

改变角色移动时的速度。

循环

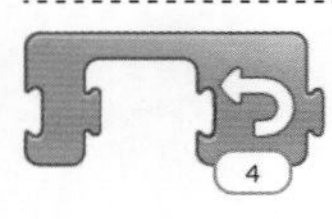

重复执行区块内的所有程序，可以执行指定次数。

结束积木块

结束

用来表示程序结束 (不会影响程序的执行)。

无限循环

不停地重复执行区块内的所有程序。

切换至页面

切换到项目中的指定页面。

参考文献

[1] 贾皓云，汪慧容，童培杰 . Scratch・爱编程的艺术家 [M]. 北京 : 清华大学出版社 , 2018.

[2] ScratchJr 官方网站 http://www.scratchjr.org.

[3] Scratch 官方网站 https://scratch.mit.edu.

[4] 百度百科 https://baike.baidu.com.